水污染与水环境修复技术

王宗华　马霄航　著

Water Pollution and
Water Environment
Remediation
Technology

化学工业出版社

·北京·

内容简介

本书介绍了水污染的原因、途径、危害与防治，污水的物理处理技术、化学处理技术、生物处理技术、自然生物净化技术、污泥处理技术和污水回收技术；水环境生态系统评估、修复理论和技术；农村生活污水的特征、来源和处理技术；河流生态系统构成和功能、河流环境修复基础与技术体系、河流外源污染控制与治理、河流的原位水质净化、河流生态修复与重构；湖泊的结构与生态功能、湖泊生态系统修复的基本原理和技术。

本书适合从事环保部门工作人员、环保企业技术人员以及环境科学与工程类相关专业师生参考。

图书在版编目（CIP）数据

水污染与水环境修复技术 / 王宗华，马霄航著.
北京：化学工业出版社，2025. 4. -- ISBN 978-7-122-47352-3

Ⅰ. X52；X171.4

中国国家版本馆CIP数据核字第2025NK7354号

责任编辑：彭爱铭
责任校对：杜杏然
装帧设计：孙　沁

出版发行：化学工业出版社
　　　　　（北京市东城区青年湖南街 13 号　邮政编码 100011）
印　　装：北京科印技术咨询服务有限公司数码印刷分部
710mm×1000mm　1/16　印张 15　字数 246 千字
2025 年 5 月北京第 1 版第 1 次印刷

购书咨询：010-64518888　　　　　　售后服务：010-64518899
网　　址：http://www.cip.com.cn
凡购买本书，如有缺损质量问题，本社销售中心负责调换。

定　　价：69.00元　　　　　　　　版权所有　违者必究

前言

资源短缺与环境污染是当今世界人类社会的突出问题,水资源短缺与水环境污染首当其冲。水是生命的源泉,是地球上所有生物生存不可或缺的宝贵资源,在现代社会中,水资源还是人们生产生活的重要资源。然而,自然界中的水资源是有限的,人们的生产生活产生的大量废水对水资源会造成污染,人口的增加也是水资源短缺的一个重要原因。水资源的不合理开发和利用不仅引起大面积的缺水危机,还可能诱发区域性的生态恶化,严重地困扰着人类的生存和发展。如何合理利用水资源、保护水资源成了一个严峻的问题。

我国改革开放以来经济的高速发展,最先凸显的沉重的环境代价也是水污染。水污染不仅进一步加剧了干旱、半干旱地区的水危机,也造成了"水乡缺水"现象的频繁发生。为了及时有效地解决这一问题,党和国家把环境保护摆到更加重要的位置,不断地通过各项政策来保护环境和自然资源,全面加强重点流域的治理工作,针对水资源污染的问题也实施了一系列的重要举措,全面整治水资源污染乱象。水资源的合理利用与保护,不仅是我国现阶段必须大力发展和急需推进的重大战略,更是人类社会共同面临的课题。

本书共七章,第一章为水资源与水污染,主要就水资源概述、水污染的原因与途径、水污染危害与防治、水污染控制的标准体系四个方面展开论述;第二章为水污染处理技术,主要围绕污水的物理处理技术、污水的化学处理技术、污水的生物处理技术、自然生物净化技术、污泥处理技术、污水回收技术六个方面展开论述;第三章为农村生活污水处理技术,依次介绍了农村生活污水的特征和来源、农村生活污水处理技术、农村生活污水处理设施运维;第四章为水环境与生态修复理论与技术,依次介绍了水环境修复概述、水生态修复技术、水生态系统评估;第五章为城市河流水环境修复,介绍了河流生态系统构成和功能、河流环境修复基础与技术体系、河流外源污染控制与治理、河流的原位水质净化、河流水生态修复与重构;第六章为湖泊生态系统的修复,主要从湖泊的类型与特点、湖泊的结构与生态功能、湖泊生态系统修复的基本原理、湖泊生态系统修复的生态调控、湖泊生物操纵管理措施五个方面展开研究；第七章为湿地生态修复，依次介绍了湿地的概念与类型、湿地的结构和功能、湿地生态修复的目标与原则、湿地生态修复的过程和方法、湿地生态修复的检测与评价。

  在撰写本书的过程中，著者参考了大量的学术文献，得到了许多专家学者的帮助，在此表示真诚感谢。本书内容系统全面，论述条理清晰、深入浅出，但由于水平有限，书中难免有疏漏之处，希望广大同行批评指正。

著者

2024 年 10 月

目录

第一章　水资源与水污染

- 2　　第一节　水资源概述
- 7　　第二节　水污染的原因与途径
- 9　　第三节　水污染危害与防治
- 14　　第四节　水污染控制的标准体系

第二章　水污染处理技术

- 22　　第一节　污水的物理处理技术
- 41　　第二节　污水的化学处理技术
- 51　　第三节　污水的生物处理技术
- 70　　第四节　自然生物净化技术
- 78　　第五节　污泥处理技术
- 86　　第六节　污水回收技术

第三章　农村生活污水处理

- 95　　第一节　农村生活污水的特征和来源
- 98　　第二节　农村生活污水处理技术
- 106　　第三节　农村生活污水处理设施运维

第四章　水环境与生态修复理论与技术

- 127　　第一节　水环境修复概述
- 131　　第二节　水生态修复技术
- 137　　第三节　水生态系统评估

第五章　城市河流水环境修复

- 146　第一节　河流生态系统构成和功能
- 149　第二节　河流环境修复基础与技术体系
- 160　第三节　河流外源污染控制与治理
- 169　第四节　河流的原位水质净化
- 178　第五节　河流水生态修复与重构

第六章　湖泊生态系统的修复

- 193　第一节　湖泊的类型与特点
- 195　第二节　湖泊的结构与生态功能
- 198　第三节　湖泊生态系统修复的基本原理
- 202　第四节　湖泊生态系统修复的生态调控
- 207　第五节　湖泊生物操纵管理措施

第七章　湿地生态修复

- 212　第一节　湿地的概念与类型
- 220　第二节　湿地的结构和功能
- 221　第三节　湿地生态修复的目标与原则
- 224　第四节　湿地生态修复的过程和方法
- 230　第五节　湿地生态修复的检验与评价

参考文献

第一章 水资源与水污染

水资源是十分宝贵的自然资源,对生物的生存发展和人类社会的生产生活都有着至关重要的影响。本章主要就水资源概述、水污染的原因与途径、水污染危害与防治、水污染控制的标准体系四个方面展开论述。

第一节　水资源概述

一、水资源的含义及特性

（一）水资源的含义

水资源既是经济资源，也是环境资源，是指地球上具有一定数量和可用质量的能从自然界获得补充并可资利用的水。

水资源强调了水资源的经济、社会和技术属性，突出了社会、经济、技术发展水平对于水资源开发利用的制约与促进。在当今的经济技术发展水平下，进一步扩大了水资源的范畴，原本造成环境污染的量大面广的工业和生活污水构成水资源的重要组成部分，弥补了水资源的短缺，从根本上解决了长期困扰国民经济发展的水资源短缺问题；在突出水资源实用价值的同时，强调水资源的经济价值，利用市场理论与经济杠杆调配水资源的开发与利用，实现经济、社会与环境效益的统一。

（二）水资源的特性

水资源是一种特殊的自然资源，它不仅是人类及其他生物赖以生存的自然资源，也是人类经济、社会发展必需的生产资料，是具有自然属性和社会属性的综合体。

1. 水资源的自然属性

（1）流动性　自然界中所有的水都是流动的，地表水、地下水、大气水之间可以互相转化，这种转化也是永无止境的，没有开始也没有结束。特别是地表水资源，在常温下是一种流体，会在重力作用下自然地由高处向低处流动，汇聚形成河流，并最终流入海洋（或内陆湖泊）。

也正是由于水资源这一不断循环、不断流动的特性，才使水资源可以再生和恢复，为水资源的可持续利用奠定物质基础。

（2）可再生性　由于自然界中的水处于不断流动、不断循环的过程之中，使水资源得以不断地更新，这就是水资源的可再生性，也称可更新性。通俗来讲就是水在被蒸发、流失、取用后可以通过一系列过程最终以大气降水或水体自净的形式完成恢复和更新。即使是被污染的水也可以通过自我调节来完成更新，但前提是污染程度不能超过水系统的自我调节能力。这是水资源可供永续开发利用的本质特性。不同水体更新一次所需要的时间不同，如大气水平均每8天可更新一次，河水平均每16天更新一次，海洋更新周期较长，大约是2500年，而极地冰川的更新速度则更为缓慢，更替周期可长达万年。

（3）**有限性** 虽然水资源处在不断消耗和补充过程中，但是淡水资源有限，淡水资源仅占全球总水量的2.5%左右，其中还包括了极地地区的冰川水，实际上可被人们直接利用的淡水资源仅占全球总水量的0.8%左右。可见，水循环过程是无限的，水资源的储量是有限的。

（4）**时空分布的不均匀性** 由于受气候和地理条件的影响，在地球表面不同地区水资源的数量差别很大，即使在同一地区也存在年内和年际变化较大、时空分布不均匀的现象，这一特性给水资源的开发利用带来了困难。如北非和中东很多国家（埃及、沙特阿拉伯等）降雨量少、蒸发量大，因此，径流量很小，人均及单位面积土地的淡水占有量极少。相反，冰岛、厄瓜多尔、印度尼西亚等国，以每公顷土地计的径流量比贫水国高出1000倍以上。在我国，水资源时空分布不均匀这一特性也特别明显。由于受地形及季风气候的影响，我国水资源分布南多北少，且降水大多集中在夏秋季节的三四个月里，水资源时空分布很不均匀。

（5）**多态性** 自然界的水资源呈现多个相态，包括液态水、气态水和固态水。不同形态的水可以相互转化，形成水循环的过程，也使得水出现了多种存在形式，在自然界中无处不在，最终在地表形成了一个大体连续的圈层——水圈。

（6）**环境资源属性** 自然界中的水实质上就是一个完整的生态系统，是一个综合体，其中包含了许许多多的物质。自然界中的水不仅可以满足人类社会发展的需要，同时也为很多生物提供了赖以生存的环境，是一种环境资源。

2. 水资源的社会属性

（1）**公共性** 水是自然界赋予人类的一种宝贵资源，是属于整个社会，属于全人类的，获得水的权利是人的一项基本权利。

（2）**多用途性** 水资源的水量、水能、水体均各有用途，在人们生产生活中发挥着不同的功能。人们对水的利用可分为三类，分别是生活用水、生产用水和生态环境用水，水资源不仅使人们得以生存，还在农业生产、工业生产、能源生产及交通运输中有着不可替代的作用。水资源还在许多娱乐场所和景观场所中有着重要作用，是人们审美需求的重要部分。

（3）**商品性** 水资源也是一种战略性经济资源，具有一定的经济属性。长久以来，人们一直认为水是自然界提供给人类的一种取之不尽、用之不竭的自然资源。但是随着人口的急剧膨胀，经济社会的不断发展，人们对水资源的需求日益增加，水对人类生存、经济发展的制约作用逐渐显露出来。人们需要为各种形式的用水支付一定的费用，水成了商品。水资源在一定情况下表现出了消费的竞争性和排他性（如生产用水），具有私人商品的特性。但是，当水资源作为水源地、生态用水时，仍具有公共商品的特点，所以它是一种混合商品。

（4）**利害两重性** 水是极其珍贵的资源，给人类带来很多利益。但是，人类在开发利用水资源的过程中，由于各种原因也会深受其害。比如，水过多会带来水灾、洪灾，水过少会出现旱灾；人类对水的污染又会破坏生态环境，危害人体健康，影响人类社会发展等。

二、我国水资源现状

（一）水资源量

根据水利部2023年《中国水资源公报》，2023年，全国平均年降水量为642.8mm，比多年平均基本持平。全国水资源总量为25782.5亿立方米，比多年平均值偏少6.6%。其中，地表水资源量为24633.5亿立方米，地下水资源量为7807.1亿立方米，地下水与地表水资源不重复量为1149.0亿立方米。通过最近十年我国水资源变化情况，最近十年大部分年份降水量略有增长，降水量与水资源总量基本呈正相关。

（二）水资源开发利用

1. 供水量

通过统计和分析我国最近十年的供水总量和水资源总量可以发现，我国近十年的供水总量变化幅度较小，基本持平，但是水资源总量有着较大的变动。为保护我国淡水资源，近年来我国工业生产用水开始由原来的淡水变为海水，我国工业企业为节约水资源，降本增效，开始将海水通过一定技术手段处理后作为冷却用水使用。

通过对我国供水总量进行分析可以看出，近几年地下水供水占比逐渐降低，地表水供水占比大幅增高，我国居民的生活用水由原来的地下水逐渐转变为地表水，通过这一变化可以表明我国开始意识到地下水资源的重要性，降低地下水的利用占比，保护地下水资源。

2. 用水量

2023 年，全国用水总量为 5906.5 亿立方米。其中，生活用水为 909.8 亿立方米，占用水总量的 15.4%；工业用水为 970.2 亿立方米（其中火核电直流冷却水 490.0 亿立方米），占用水总量的 16.4%；农业用水为 3672.4 亿立方米，占用水总量的 62.2%；人工生态环境补水为 354.1 亿立方米，占用水总量的 6.0%。地表水源供水量为 4874.7 亿立方米，占供水总量的 82.5%；地下水源供水量为 819.5 亿立方米，占供水总量的 13.9%；非常规水源供水量为 212.3 亿立方米，占供水总量的 3.6%。

3. 用水指标

通过对我国最近十年的人均用水量数据进行分析可以发现，我国近十年人均用水量较为平稳，生活用水也有一定的浮动，可见我国居民的节约用水意识正在逐渐提高，平均城镇人口生活用水量 212.7L/d，平均农村居民人均生活用水量 82.2L/d。除了居民用水量的变化，生产用水近十年也有一些向好的变化，近十年我国的生产用水措施不断地完善，促进了生产用水利用率的提升，是水资源节约的一个重大进步。

（三）水资源质量

1. 河流水质

我国疆域辽阔，河流众多，河流水是我国水资源的重要组成部分。近年来我国在河流水治理方面投入的力度逐渐增加，在河流水质的改善上已经初见成效。

2. 湖泊水质

我国湖泊水治理方面也有着重大的进展，湖泊水质逐渐变好，但我国湖泊数量较多，体系庞大，仍有部分地区的湖泊水质较差，特别是湖泊富营养化现象严重，仍需不断深入长效治理。

3. 水库水质

水库水也是我国生产生活用水的重要来源，是我国水资源体系的重要环节。水库水质也在不断地提升，但要注意富营养化现象，加大治理和防治力度。

三、水资源保护的意义

（一）提高人们的水资源管理和保护意识

水资源开发利用过程中产生的许多水问题，都是由于人类不合理利用以及缺乏保护意识造成的。通过让更多的人参与水资源的保护与管理，加强水资源保护与管理教育，以及普及水资源知识，使人们自觉地珍惜水，合理地用水，从而可为水资源的保护与管理创造一个良好的社会环境与氛围。

（二）缓解和解决各类水问题

进行水资源保护与管理，有助于缓解或解决水资源开发利用过程中出现的各类水问题，比如通过采取高效节水灌溉技术，减少农田灌溉用水的浪费，提高灌溉水利用率；通过提高工业生产用水的重复利用率，减少工业用水的浪费；通过建立合理的水费体制，减少生活用水的浪费；通过采取一些蓄水和引水等措施，缓解一些地区的水资源短缺问题；通过对污染物进行达标排放与总量控制，以及提高水体环境容量等措施，改善水体水质，减少和杜绝水污染现象的发生；通过合理调配农业用水、工业用水、生活用水和生态环境用水之间的比例，改善生态环境，防止生态环境问题的发生；通过对供水、灌溉、水力发电、航运、渔业、旅游等用水部门进行水资源的优化调配，解决各用水部门之间的矛盾，减少不应有的损失；通过进一步加强地下水开发利用的监督与管理工作，完善地下水和地质环境监测系统，有效控制地下水的过度开发；通过采取工程措施和非工程措施改变水资源在空间分布和时间分布上的不均匀性，减轻洪涝灾害的影响。

（三）保证人类社会的可持续发展

水是生命之源，是社会发展的基础，进行水资源保护与管理研究，建立科学合理的水资源保护与管理模式，实现水资源的可持续开发利用，能够确保人类生存、生活和生产，以及生态环境等用水的长期需求，从而为人类社会的可持续发展提供坚实的基础。

第二节　水污染的原因与途径

一、水污染的原因

水体污染原因可分为自然污染和人为污染。

自然污染是指在自然条件下，由生物、地质、水文等过程，使得原本储存于其他生态系统中的污染物进入水体，例如森林枯落物分解产生的养分和有机物，由暴雨冲刷造成的泥沙输入，富含某种污染物的岩石风化，火山喷发的熔岩和火山灰，矿泉带来的可溶性矿物质，温泉造成的温度变化等。如果自然产生过程是短期的、间歇性的，过后水体会逐渐恢复原来的状态。如果是长期的，生态系统会变化而适应这种状态，例如黄河长期被泥土污染，水变成黄色，不耐污的鱼类会消失，而耐污的鱼类（如鲤鱼）会逐渐适应这种环境。可见，以水为主体来看，任何导致水体质量改变（退化）的物质，都可称为污染物，这些过程都可称为水污染过程。

人为污染是由于人类活动把一些本来不该掺进天然水中的，进入水体后，使水的化学、物理、生物或者放射性等方面的特性发生变化，导致有害于人体健康或一些动植物的生长，诸如城镇生活污水、工业废水和废渣、农药等，这类有害物质放入水中的现象，就是人为污染。

二、水污染的途径

地表水体的污染途径相对比较简单，分为连续注入式污染和间歇注入式污染。连续注入式污染指的是工业废水和城市污水向地表水的直接排放造成的污染；间歇注入式指的是农业排水和固体污染物在地面放置并经过降水渗透至地表水所造成的污染。

相对于地表水体的污染途径而言，地下水体的污染途径要复杂得多，下面着重对其进行讨论。

（一）污染方式

地下水的污染方式有直接污染及间接污染两种形式，它们的特点如图1-1所示。

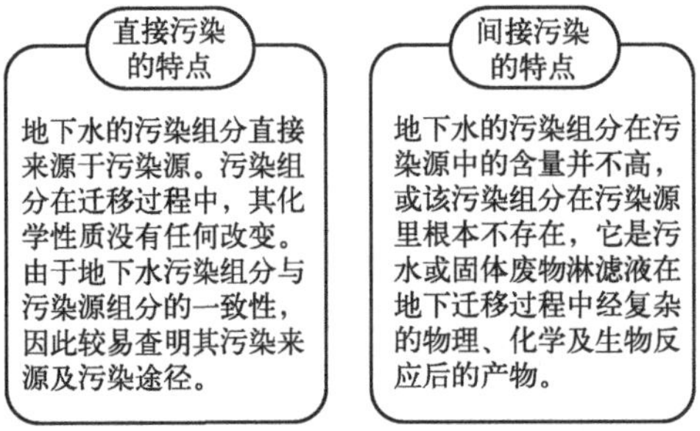

> **直接污染的特点**
> 地下水的污染组分直接来源于污染源。污染组分在迁移过程中，其化学性质没有任何改变。由于地下水污染组分与污染源组分的一致性，因此较易查明其污染来源及污染途径。

> **间接污染的特点**
> 地下水的污染组分在污染源中的含量并不高，或该污染组分在污染源里根本不存在，它是污水或固体废物淋滤液在地下迁移过程中经复杂的物理、化学及生物反应后的产物。

图1-1 直接污染及间接污染两种形式的特点

直接污染是地下水污染的主要方式，在地表或地下以任何方式排放污染物时，均可发生此种方式的污染。间接污染通常被称为"二次污染"，其过程是相当复杂的。

（二）污染途径

地下水污染途径是复杂多样的，如污水渠道和污水坑的渗漏、固体废物堆的淋滤、化学液体的溢出、农业活动的污染、采矿活动的污染等，可见相当繁杂。这里按照水力学上的特点将地下水污染途径大致分为四类，如表1-1所示。

表 1-1 地下水污染途径分类

类型	污染途径	污染来源	被污染含水层
间歇入渗型	降水对固体废物的淋滤 矿区疏干地带的淋滤和溶解 灌溉水及降水对农田的淋滤	工业和生活的固体废物 疏干地带的易溶矿物 农田表层土壤残留农药、化肥及易溶盐类	潜水 潜水 潜水
连续入渗型	渠、坑等污水的渗漏 受污染地表水的渗漏 地下排污管道的渗漏	各种污水 受污染的地表水 各种污水	潜水 潜水 潜水
越流型	地下水开采引起的层间越流 水文地质天窗的越流 经井管的越流	受污染的含水层或天然咸水等 受污染的含水层或天然咸水等 受污染的含水层或天然咸水等	潜水或承压水 潜水或承压水 潜水或承压水
注入径流型	通过岩溶发育通道的注入 通过废水处理井的注入 盐水入侵	各种污水或被污染的地表水 各种污水 海水或地下咸水	主要是潜水 潜水或承压水 潜水或承压水

第三节　水污染危害与防治

人类的生产生活对水资源的污染是造成水资源紧张的原因之一，水污染已经严重影响了生态平衡，制约了人类社会的发展，甚至危害人类的生存。

一、水污染的危害

（一）危害人的健康

饮用水的质量关乎人们的身体健康，安全的饮用水是人类正常生活的基础，长期饮水水质不良，必然会导致体质不佳、抵抗力减弱，引发疾病。当水中含有有害物质时，对人体的危害就更大。想要有长期安全的饮用水供给，就要保证水源的水质良好，但是目前我国城镇居民用水的水源存在着多方面的威胁，城市污水、工业废水、农业排水都是威胁人们饮水安全的不良因素，这些因素给我国的水处理技术带来了巨大的挑战，在一些污染严重的地区，现有的技术水平甚至已经无法对水进行处理。

水资源被污染后污染物质会经过食物链积累进入人体，危害人的身体健康。特别是水中的重金属、有害有毒有机污染物及致病菌和病毒等。其中重金属的毒性较强，对人体危害较大，微量的重金属就能对人体产生较大的损害，一般重金属产生毒性的浓度范围是 1～10mg/L，毒性强的汞、镉产生毒性的浓度为 0.01～0.1mg/L。重金属还容易通过食物链传递并积累，最终到达人体且不易排出，对人体造成不可逆的伤害。

日本的"水俣病"是典型的甲基汞中毒引起的公害病，是通过鱼、贝类等食物摄入人体引起的；日本的"骨痛病"则是由于镉中毒，引起肾功能失调，骨质中钙被镉取代，使骨骼软化，极易骨折。砷与铬毒性相近，砷更强些，三氧化二砷（砒霜）毒性最大，是剧毒物质。

（二）影响工农业生产

有些工业部门，如电子工业对水质要求高，水中有杂质，会使产品质量受到影响。食品生产和加工行业的用水要求也很严格，当水源出现问题时，会影响整个生产企业的正常运转。某些化学反应会因水中的杂质而发生，使产品质量受到影响。废水中的某些有害物质还会腐蚀工厂的设备和设施，甚至使生产不能进行下去，企业在发生污染后要投入大量的资金进行处理，这也给企业造成了不小的压力。我国是农业大国，农业用水安全十分重要，农业用水污染会降低农作物产量，危害人体健康，还会影响以农作物为主要食物来源的养殖业的运转，农业用水污染还会污染土地资源。如锌的质量浓度达到 0.1～1.0mg/L 即会对作物产生危害，5mg/L 使作物致毒，3mg/L 对柑橘有害。

（三）影响农产品和渔业产品质量安全

水资源不仅直接被人类使用，还涉及与人类生存相关的各个行业，粮食作物的灌溉和水产养殖业都离不开水，水资源的污染对农业和渔业的影响也很大。我国作为人口大国，对农作物的生产有着很大的需求，一旦农田的灌溉使用了被污染过的水，这些污染物质首先会对土地造成污染，危害我国土地资源，其次会通过农作物到达人体，对人类的身体健康产生危害。水产养殖业对水质有着较高的要求，水污染会通过渔业产品进入人体，影响人类健康。水质的好坏，对鱼类影响较大。在正常情况下，20℃水中溶解氧量（DO）约为

9mg/L。当 DO 值大于 7.5mg/L 时，水质清洁；当 DO 值小于 2mg/L 时，水质发臭。渔业水域要求在 24h 中有 16h 以上 DO 值不低于 5mg/L，其余时间不得低于 3mg/L。

（四）危害水体生态系统

生活污水含有大量氮、磷、钾，一经排放，大量有机物在水中降解放出营养元素，引起水体的富营养化，藻类过量繁殖。在阳光和水温最适宜的季节，藻类的数量可达 100 万个 /L 以上，水面出现一片片"水华"。水面在光合作用下溶解氧达到过饱和，而底层则因光合作用受阻，藻类和底生植物大量死亡，它们在厌氧条件下腐败、分解，又将营养素重新释放进水中，再供给藻类，周而复始，因此水体一旦出现富营养化就很难消除。富营养化水体对鱼类生长极为不利，过饱和的溶解氧会产生阻碍血液流通的生理疾病，使鱼类死亡；缺氧也会使鱼类死亡。而藻类太多堵塞鱼鳃，影响鱼类呼吸，也能致死。

含氮化合物的氧化分解会产生硝酸盐，硝酸盐本身无毒，但硝酸盐在人们体内可被还原为亚硝酸盐。研究认为，亚硝酸盐可以与仲胺作用形成亚硝胺，这是一种强致癌物质。因此，有些国家的饮用水标准对亚硝酸盐含量提出了严格要求。

（五）加剧水资源短缺危机

水污染会导致水体功能的丧失，正常的水资源系统都有着自身一定的水体功能，维持着水资源的循环往复，但是当水资源受到污染时一部分水体功能就会丧失，从而加剧一些贫水地区的境况，还有可能使本来水资源丰富的地区形成污染型缺水的现象，破坏水资源的循环利用，影响自然资源的可持续发展。

二、水污染防治措施

（一）加强公民的环保意识

保护环境需要每一个人共同的努力，增强居民的环保意识是一件积极而有意义的事情，为此，可以加大环保的宣传力度。只有人们增强了环保意识，才能对自己的行为更加负责，破坏环境的水污染行为也会减少一部分。

（二）强化对饮用水源取水口的保护

饮用水源直接关乎人们的身体健康和生活质量，有关部门要划定水源区，在区内设置告示牌并加强取水口的绿化工作。另外，还要组织一部分人员定期进行检查，保证取水口水质。

（三）加大污废水的治理力度

污水处理厂的数量与污水的排放量要保证一定的比例才能更好地实现污水处理。目前，城市人口不断增加，居民生活水平稳步提高，城市的废水排放量也随之不断地增加，在这种情况下，要合理布局污水处理厂来帮助改善城市水环境状况。否则随着污水量的增加，会导致处理不及时，而引发更多不良后果。

（四）少量创建填埋场

填埋场占地面积大，无形中造成土地资源的严重浪费，所以创建的数量不宜过多。可少量创建填埋场，让废物都能够经过处理。这种做法也能起到一定的作用。

（五）实现废水资源化利用

可以预见在未来的时间里，工业的废水排放量还会继续增加。为了改善目前水污染状况，要从各个环节做起，用的时候更加合理，末端治理更加积极，同时还应对废水进行再利用。

（六）实施清洁生产

化工清洁生产的过程复杂且烦琐，不同行业，不同企业的特点不同，因此化工清洁生产很难一概而论。根据近年来应用清洁生产技术的实践经验和清洁生产的原理可以归纳如下一些实现化工清洁生产的途径。

1. 强化企业内部清洁生产管理

在实施过程中，对化工生产过程、原料储存、设备维修和废物处置等各个环节都可以强化企业内部清洁生产管理。

（1）**物料装卸、储存与库存管理**　在原料运输、储存、装卸过程中要注重一些方式方法：对使用各种运输工具的操作工人进行培训，使他们了解器械的操作方式、生产能力和性能；原料存放要有合理的空隙，保证日常检查和清洁的进行；注意保证原料储存的密闭性，避免造成原料的污染；保证原料储存区的适当照明。在物料的控制方面也可以进行一些工艺和装置上的改进，来避免物料的污染，防止废物的产生。

废物削减本质上是原材料、中间产品、成品以及相关的废物流的控制，一般来说生产废料不仅仅包含生产的排放物，还有一大部分是生产未达到标准、运输过程中损坏的、过期的产品，这不仅会给企业造成经济损失，还要消耗一部分废料处置费用，因此实施适当的库存管理可以有效地控制生产废料，节省企业成本。库存管理可以从以下几个方面入手，一是改善订货程序，有效完成生产到销售的闭环，避免货物积压；二是改善生产技术，实施及时制造技术，提高生产效率；三是压缩现行的库存控制计划。

（2）**改进操作方式和操作次序**　操作次序或操作方式的不当也会产生物料的浪费或污染，因此要对操作方式和次序严格把控，必要时可以通过一定的措施改善操作方式。

（3）**实现资源和能源的充分利用和综合利用**　对资源和能源进行充分合理的利用，是我国目前工业生产中需要重点关注的问题，要通过技术革新或流程革新实现对资源和能源的循环利用，提高综合利用率，降低生产成本，减少废物排放。

（4）**其他**　组织物料和能源循环使用系统。

2. 工艺技术改革

（1）**生产工艺改革**　以乙烯生产为例。从发展方面来看，乙烯生产装置趋向于大型化，某些技术落后的小型石油化工装置必须进行改造，才能降低单位乙烯产品的污染物排放量。不同规模和原料乙烯装置废液排放数据比较如表1-2所示。

（2）**工艺设备改进**　采用高效设备，提高生产能力，减少设备的泄漏率。

（3）**工艺控制过程的优化**　随着科技的不断发展，工艺设备的控制参数也在不断优化。目前许多企业的工艺控制过程都采用了自动控制系统进行监测，实时地根据当前情况进行参数调整和工艺环节的调整，提高了生产效率，避免了原料的浪费，解放了一部分的劳动力。

表1-2 不同规模和原料乙烯装置废液排放数据比较

生产规模/ (10^4t/a)	裂解炉类型	原料	工艺废水/ (t/t)	废碱液/ (t/t)	其他废水/(t/t)
30	管式炉	轻柴油	0.23～0.28	0.01～0.02	含硫废水 0.1～0.15
11.5	管式炉	轻柴油	3.48	0.173	—
7.2	砂子炉	原油闪蒸油	2.22	0.11	排砂废水 22.4
0.6	蓄热炉	重油	4.0	1.5～2.5	—

3. 废物的再生利用技术

废物的再生利用技术包括废物重复利用和再生回收。我国有机化工原料行业在废物再生利用与回收方面，开发推广了许多技术。例如，利用蒸馏、结晶、萃取、吸附等方法从蒸馏残液、母液中回收有价值原材料，从含铂、钯、银等废催化剂中回收贵金属等。

第四节 水污染控制的标准体系

一、水资源保护法

（一）水资源保护法的主要内容

1. 水资源权属制度

水资源属于国家所有。水资源的所有权由国务院代表国家行使。农村集体经济组织的水塘和由农村集体经济组织修建管理的水库中的水，归各该农村集体经济组织使用。

《中华人民共和国水法》（以下简称《水法》）在规定水资源所有权的基础上，规定了取水权，明确了有偿使用制度。取水是利用水工程或者机械取水设施直接从江河湖泊或者地下取水用水。取水权分为两种。一种是法定取水权，即少量取水包括为家庭生活畜禽饮用取水；为农业灌溉少量取水；用人工、畜力或者其他方法少量取水，农村集体经济组织使用本集体的水塘和水库中的水，不需要申请取水许可。第二种是许可取水权，除法定取水以外的其他一切取水行为，均须经过许可才能取水。取水单位和个人应缴纳水资源费，依法取得取水权。

2. 水资源管理的基本原则

考虑到水资源的特点，《水法》规定，开发、利用、节约、保护水资源和防治水害应当遵循"全面规划、统筹兼顾、标本兼治、综合利用、讲求效益、发挥水资源的多种功能，协调好生活、生产经营和生态环境用水"的基本原则。这项原则在《水法》的具体条款中得到了充分体现。

3. 水资源的管理体制

《水法》规定，国家对水资源实行流域管理与行政区域管理相结合的管理体制，从而确立了流域管理机构的法律地位。国务院的水行政主管部门负责统一的监督及管理工作，要做到全国水资源的统筹管理，并要依据重点地区设立流域管理机构，监督流域管理机构在分管辖区内履行水资源管理和监管职责，国务院有关部门还要持续开展水资源开发、利用、节约和保护工作，而县级以上人民政府则需要根据权限和职责划分履行本行政区域内的水资源管理职责和水资源节约、保护工作，将水资源管理工作落到实处。

（二）水资源保护的主要法律措施

水资源是稀缺的自然资源，是人类生存和自然生态循环不可缺少的因素。为了确保水资源的可持续利用，必须建立水资源保护制度，依法开展水资源的开发利用和保护。《水法》对水资源的保护作出了明确规定，突出了在保护中开发，在开发中保护的基本特点。

水资源合理开发利用的法律措施如下：
① 对水资源进行综合科学考察和调查评价；
② 对水资源开发利用实行统一规划；

③ 保护水质，防止水污染；

④ 饮用水源保护；

⑤ 地下水保护；

⑥ 水域保护，包括防止行洪、航运障碍，保持水域畅通的规定和禁止围湖造田的规定；

⑦ 水工程保护，包括禁止侵占毁坏水工程及有关设施和划定水工程保护区；

⑧ 水资源配置和节约使用；

⑨ 水事纠纷处理与执法监督检查。

二、水污染防治法

（一）水污染防治的监督管理体制

关于水污染防治的监督管理体制，《中华人民共和国水污染防治法》第四条规定："县级以上人民政府应当将水环境保护工作纳入国民经济和社会发展规划。县级以上地方人民政府应当采取防治水污染的对策和措施，对本行政区域的水环境质量负责。"第八条规定："县级以上人民政府环境保护主管部门对水污染防治实施统一监督管理。交通主管部门的海事管理机构对船舶污染水域的防治实施监督管理。县级以上人民政府水行政、国土资源、卫生、建设、农业、渔业等部门以及重要江河、湖泊的流域水资源保护机构，在各自的职责范围内，对有关水污染防治实施监督管理。"概括而言，我国对水污染防治实行的是统一主管、分工负责相结合的监督管理体制。

（二）水污染防治的标准和规划制度

水环境的保护要依靠相关标准和规范的约束，水环境保护标准主要分为两种类别，一种是为了规范废水排放而制定的水污染物排放标准，人类社会的生产生活对水资源造成了一系列的污染，废水的排放是水污染的主要原因之一，不管是工业废水还是生活废水，都会影响水环境，水环境保护标准限制了废水中的污染物含量，有效地保护了水环境；还有一种是水环境质量标准，通过规定了水中的污染物质的最高浓度来保证人类的用水安全。水环境标准分为国家标准和地方标准两级。各类水环境标准的制定如图 1-2 所示。

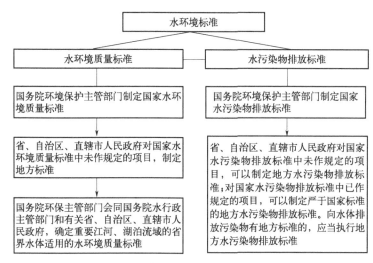

图 1-2 水环境标准

防治水污染应当按流域或者按区域进行统一规划。国务院有关部门和县级以上地方人民政府开发、利用和调节、调度水资源时，应当统筹兼顾，维持江河的合理流量和湖泊、水库以及地下水体的合理水位，维护水体的生态功能。水污染防治规划的执行如图 1-3 所示。

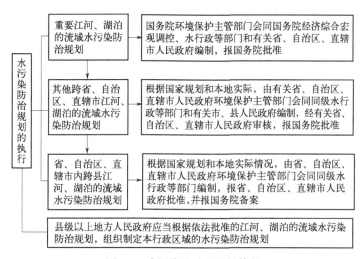

图 1-3 水污染防治规划的执行

（三）水污染防治监督管理的法律制度

《中华人民共和国水污染防治法》第三章规定了水污染防治工作的各项具体制度。国家基于环境影响评价制度、"三同时"制度、重点水污染物排放总量控制制度、排污申报登记和排污许可制度、排污收费制度、水环境质量监测与水污染物排放监测、现场检查等制度，实施水污染防治的监督管理，实行跨行政区域的水污染纠纷协商解决制度。各项制度主要内容如图1-4所示。

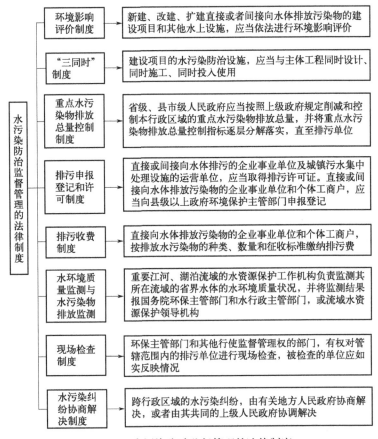

图1-4 水污染防治监督管理的法律制度

三、环境标准与环境标准体系

环境标准是国家环境保护法律法规体系的重要组成部分，是开展环境管理工作最基本、最直接、最具体的法律依据，是衡量环境管理工作最简单、最准确的量化标准，也是环境管理的工具之一，是实施环境保护法的工具和技术依据。没有环境标准，环境保护法就难以实施。

（一）环境标准及其作用

1. 标准

国际标准化组织（简称 ISO）对标准的定义是：标准是经公认的权威机关批准的一项特定标准化工作的成果。中国对标准的定义是：对经济、技术、科学及管理中需要协调统一的事物和概念所做的统一技术规定。这个规定是为了获得最佳秩序和社会效益，根据科学、技术和实践经验的综合成果，经有关方面协商同意，由主管机关批准，以特定形式发布，作为共同遵守的准则。

2. 环境标准

环境标准是为了保护人群健康、社会财富和促进生态良性循环，对环境中的污染物（或有害因素）水平及其排放源的限量阈值或技术规范；是控制污染、保护环境的各种标准的总称。

环境标准的制定像法规一样，要经国家立法机关的授权，由相关行政机关按照法定程序制定和颁布。

3. 环境标准的作用

环境标准具有如下作用：

① 环境标准是环境保护法律法规制定与实施的重要依据。环境标准用具体的数值来体现环境质量和污染物排放应控制的界限。

② 环境标准是判断环境质量和衡量环境保护工作优劣的准绳。评价一个地区环境质量的优劣、一个企业对环境的影响，只有与环境标准比较才有意义。

③ 环境标准是制定环境规划与管理的技术基础及主要依据。

④ 环境标准是提高环境质量的重要手段。

通过实施环境标准可以制止任意排污，促进企业进行治理和管理，采用先进的无污染、低污染工艺，积极开展综合利用，提高资源和能源利用率，使经济社会和环境得到持续发展。

（二）环境标准体系

环境问题的复杂性、多样性体现在环境标准的复杂性、多样性中。截至2023年年底，我国累计颁布了2873项国家环境保护标准。按照环境标准的性质、功能和内在联系进行分级、分类，构成一个统一的有机整体，称为环境标准体系（图1-5）。

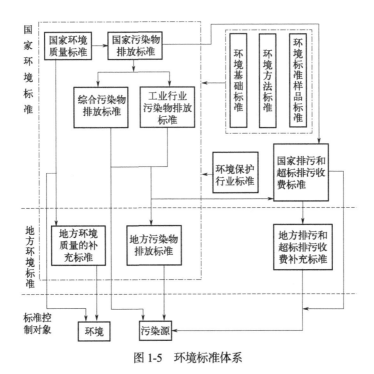

图1-5　环境标准体系

国家环境标准和行业标准是由国家市场监督管理总局和国务院环保行政主管部门制定，具有全国范围的共性，针对普遍的和具有深远影响的重要事物，具有战略性意义，适用于全国范围内的一般环境问题。地方环境标准适用于本地区的环境状况和经济技术条件，是对国家标准的补充和具体化。

第二章 水污染处理技术

本章为水污染处理技术,主要围绕污水的物理处理技术、污水的化学处理技术、污水的生物处理技术、自然生物净化技术、污泥处理技术、污水回收技术六个方面展开论述。

第一节 污水的物理处理技术

所有利用物理方法来改变污水成分的方法都可称为物理处理过程。物理处理的特点是仅仅使得污染物和水发生分离，但是污染物的化学性质并没有发生改变。常用的过程有水量与水质的调节（包括混合）、过滤、离心分离、沉降、气浮等。这些操作过程主要应用如表 2-1 所示。目前物理处理过程已成为大多数废水和污水处理流程的基础，它们在废水处理系统中的位置可如图 2-1 所示。

表 2-1　废水处理中的物理处理过程

过程	应用
水量和水质的调节（包括混合）	使水质和水量的负荷更加均匀化，对后处理有利
过滤和离心分离	利用拦截的方法和固体污染物在离心时所受离心力的大小，使可沉淀和悬浮的固体物质去除。用于化学、物理化学、生物等处理过程前和能产生沉淀的处理过程后
沉降	利用重力作用去除可沉淀固体，并使生物污泥浓缩
气浮	去除高度分散的悬浮固体或油滴，对于密度与水接近的颗粒分离更加有效

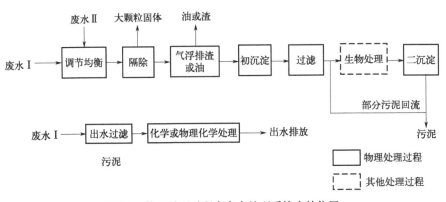

图 2-1　物理处理过程在废水处理系统中的位置

一、沉淀池

如图 2-2 所示，图中的箭头方向表示了水流的走向，沉淀池可以根据水在池内的流向大致分为平流式、竖流式和辐流式，虽然池子的外形和结构有所不同但是，沉淀池的区域功能划分较为固定，沉淀池的结构大致可以分为水流进入区域、沉降区域、水流流出区域、污泥储存区域和沉降区。平流式的沉淀池，污水呈单向流动，从一端进入沉淀池，沉淀后清水从另一端流出，水流入口的下方设置储泥斗，用于沉淀物的存留；竖流式沉淀池水流自下而上流动，污水从池子下方进入沉淀池，通过沉淀后形成的清水从池面或池边流出；辐流式沉淀池的污水则是从池中心进入，根据水流速度的不同使污水形成沉淀，清水从池周溢出。沉淀池的每个区域的功能均不同，互相配合完成污水的沉淀处理，水流出入口控制水流的运行，通过配水和集水使水流在池子内均匀分布，使沉淀池内的水流运行保持稳定，有利于污泥的有效沉淀；一般池子的主体部分是沉降区，主要是使污水进行初步的沉降过程，将水中的可沉降颗粒进行分离；而根据重力作用原理污泥区在较为靠下的位置，用来储存和排放污泥；污泥区与沉降区的连接处就是缓冲区域，防止污泥回流。

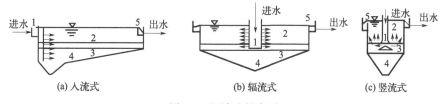

图 2-2 沉淀池的类型
1—入流区；2—沉降区；3—缓冲区；4—污泥区；5—出流区

（一）平流式沉淀池

如图 2-3 所示为设有链带式刮泥机的平流式沉淀池，通过对该图的分析我们可以简单了解平流式沉淀池的工作流程及原理。污水首先通过进水槽经流入装置进入沉淀池内，流入装置常用潜孔，进入沉淀池后的水流会遇到挡流板或穿孔整流墙，从而水流速度减缓，挡流板一般比水面高 0.1～0.5m，距离进水孔 0.5～1.0m，挡板的浸没深度在水面下应不小于 0.25m。进水端下部是污泥存储区域，在这个区域内还设有排渣管道，使经沉淀后的泥渣在静水压力的作用下排出沉淀池，水流通过在沉降区缓慢流过来进行沉降，并经出水孔和集水槽排出，出流区设有流出装置，一般由溢流堰（或淹没孔口）和集水槽组成，溢流堰可以起到控制池内水位的作用，而且还和流入装置共同作用，使水流在池内均匀分布，锯齿形三角堰是溢流堰最常见的形式，水面一般不超过齿高的1/2，这样才能保证锯齿形三角堰处单位长度上的溢流量基本相同。溢流堰前也会设立挡板，挡板应高出池内水面0.1~0.15m，并浸没在水面下0.3~0.4m，以防部分沉淀流出，出水端的污泥会被回收。

平流式沉淀池的构造较为简单，建设难度较低，并且沉降区面积大，沉降效果好，但是平流式沉淀池需要较大的建造场地，排泥也比较困难。平流式沉淀池在实际使用过程中存在一些与理论上的差距，因为新排入污水的密度和温度较池内原本污水有一定的区别，所以会有异重流的产生，同时还会出现受构造影响的偏流、絮流以及股流，这些都是影响平流式沉淀池实际运行的因素，要在设计和建造初期充分考虑并加以干预。

平流式沉淀池的沉淀区有效水深一般为2~3m，废水在池中停留时间为1~2h，表面负荷为1~3m^3/（m^2·h），水平流速一般为4~5mm/s，为了保证废水在池内分布均匀，池长与池宽比以（4~5）:1为宜。

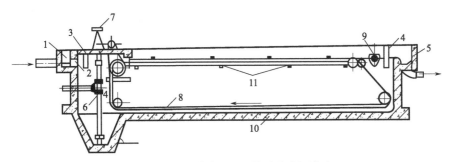

图2-3 设有链带式刮泥机的平流式沉淀池

1—进水槽；2—进水孔；3—进水挡流板；4—出水挡流板；5—集水槽；6—排泥管；7—排泥阀；8—链条；9—排渣管槽（能够转动）；10—导轨；11—支撑

平流式沉淀池的排泥装置与方法一般如下。

1. 静水压力法

平流式沉淀池可以采用静水压力发排放污泥，可以在泥斗处设置排泥管，排泥管的下端插入泥斗，上端伸出水面。采用静水压力法进行排泥时，泥斗的建造要有 0～0.02 的坡度，不过这种建造方式会使沉淀池的深度增加，因此也可以改善为多斗排泥平流式沉淀池，如图 2-4 所示。采用静水压力法进行排泥时，初次沉淀池要求水头高为 1.5m，二次沉淀池要求水头高为 0.9m。

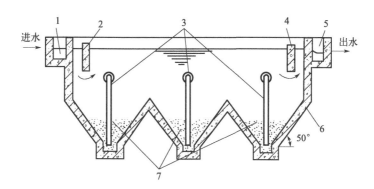

图 2-4　多斗排泥平流式沉淀池结构示意图

1—进水槽；2—进水挡流板；3—排泥管；4—出水挡流板；5—出水槽；6—池壁；7—储泥斗

2. 机械排泥法

如图 2-3 所示平流式测定池采用链带式刮泥机，这种排泥方法是机械排泥法的一种。链带式刮泥机逆水流方向缓慢移动，速度约为 1m/min，通过带有的刮板将污泥集中到污泥斗，然后排出。链带式刮泥机由于需要长期浸泡在沉淀池内，因此不易于维修而且容易生锈腐蚀。如图 2-5 所示平流式沉淀池是带有行走小车刮泥机，这是另一种更完善的机械排泥法，此方法刮泥时，整套刮泥机都位于水面之上，故行走时刮泥机易于修理，不易被腐蚀。它的工作原理是

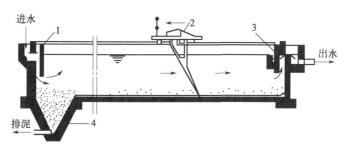

图 2-5　设有行走小车刮泥机的平流式沉淀池

1—挡板；2—刮泥装置；3—浮渣槽；4—污泥斗

第二章　水污染处理技术　25

小车在沉淀池顶部的轨道缓慢行进,通过小车连接刮板进入池内,刮板将池内的污泥聚集并刮入泥斗。

3. 吸泥法

当沉淀物密度低,含水率高时,不能被刮除,可采用单口扫描泵吸式,使集泥与排泥同时完成,如图2-6所示。图中吸口、吸泥泵及吸泥管用猫头吊挂在桁架的工字钢上,并沿工字钢做横向往返移动,吸出的污泥排入安装在桁架上的排泥槽,通过排泥槽输送到污泥后续处理的构筑物中。这样可以保持污泥的高程,便于后续处理。单口扫描泵吸式向流入区移动时吸、排沉泥,向流出区移动时不吸泥。吸泥时的耗水量占处理水量的0.3%~0.6%。

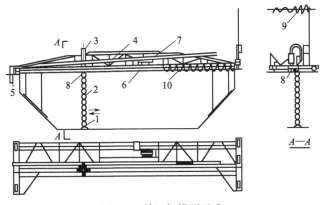

图2-6 单口扫描泵吸式

1—吸口;2—吸泥泵及吸泥管;3—排泥管;4—排泥槽;5—排泥渠;6—电动机与驱动机构;7—桁架;8—小车电动机及猫头吊;9—桁架电源引入线;10—小车电动机电源引入线

(二)竖流式沉淀池

如图2-7所示为竖流式沉淀池,竖流式沉淀池可以有效分离污水中的絮凝性悬浮固体,且占地面积较小,但是它一般适用于流量较小的污水,而且造价较高,建造难度偏大。竖流式沉淀池池面一般为圆形或正多边形,直径(或边长)为4~8m,主体部分为中空柱状,用来作为沉降区,为保证水流自下而上垂直流动,要求池子直径与沉淀区深度之比不大于3:1。下部污泥区呈锥形,锥面与水平的倾角常不小于45°,用于储存和排出污泥。竖流式沉淀池的排泥主要靠静水压力,排泥较为方便,不需要依靠机械作用排泥,污泥管直径一般用200mm。沉降区和污泥区中间为缓冲区，一般为0.3～0.5m的高度。竖流式沉淀池的大致工作过程为，废水通过进水管进入中心管，并向下由管口流出，管口处设置反射板，用来使污水在流出后向上沿四周反射。污水在向上反射时，水中的沉淀物由于重量原因下落速度会较快，一次形成沉淀，并落入污泥区，同时清水通过顶部的出水装置溢出。

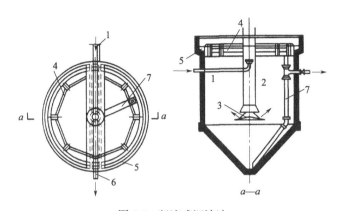

图2-7 竖流式沉淀池

1—进水管；2—中心管；3—反射板；4—挡板；5—集水槽；6—出水管；7—污泥管

（三）辐流式沉淀池

如图2-8所示为辐流式沉淀池，它的工作原理与竖流式沉淀池类似，都是使水流自下而上在池内流动，利用污水流速的区别来进行沉淀，清水流速较快，向上溢出，沉淀物受重力影响流速减慢并向下沉淀。辐流式沉淀池池面一般为圆形，直径根据实际需要选择，最大为100m。辐流式沉淀池的工作流程

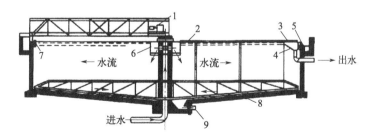

图2-8 辐流式沉淀池示意图

1—驱动装置；2—装在一侧桁架上的刮渣板；3—浮渣刮板；4—浮渣槽；5—溢流堰；
6—转动挡板；7—浮渣挡板；8—刮泥板；9—排泥管

大致为，废水从进水管下端进入中心布水筒，水流自下而上运行，中心布水筒的筒壁上布有孔口，水流从孔口流出并通过外围的环形穿孔整流挡板，向四周呈辐射状分布。清水从上方经过上方的出水装置流出，出水装置由溢流堰或淹没孔口、集水槽、挡板组成，可以起到再次拦截浮渣的作用。池底装有污泥处理装置，通过光板将污泥集中并刮入泥斗，并通过静水压力或污泥泵排出。

（四）沉淀池的选择

沉淀池的形式多样，且各有各的优缺点，因此在设计和建造沉淀池时要根据实际需要做出选择，选择时需要考虑以下主要因素。

(1) **废水量** 通常平流式、辐流式沉淀池适用于较大的废水量处理需求，竖流式沉淀池只适用于处理小流量的废水。

(2) **悬浮物** 平流式、辐流式沉淀池的排泥方式更多样，可以用于处理悬浮物沉降性能好的污水也可以用来处理悬浮物沉降性能差的污水，但是竖流式沉淀池只能采用静水压力法排泥，因此无法用于处理悬浮物沉降性能差的污水，这一点需要注意。

(3) **建造环境和地质条件** 竖流式沉淀池建造用地较小，深度较深，施工困难较大；平流式沉淀池占地范围较大。在建造时要充分考虑当地的地质环境和用地大小。

(4) **建造及运行管理难度** 平流式沉淀池造价低；竖流式沉淀池造价高但是工作原理简单，运行时的管理较为方便；辐流式沉淀池运行原理复杂，因此管理难度较高，在选择时应充分考虑前期的建造经费和后期的运行难度。

一般来说，日处理污水流量 5000m^3 以下的小型污水处理厂，可以使用竖流式沉淀池。对大、中型污水处理厂，宜采用辐流式沉淀池或平流式沉淀池，特别是采用平流式沉淀池，有利于降低处理厂的总水头损失，减少能耗，并可节约占地面积。

二、调节池

企业生产不会是一成不变的，不同层次、不同时期的生产方式和原料选择可能会有区别,这样产生的废水的组成、浓度,甚至排量都会不一样,因此为了减少污水处理设备的负担,就需要人为调节污水的水质及水量,使污水处理设施可以稳定运行。

(一) 调节池的功能及优点

调节池的功能包括以下几个方面:①减少或者防止有机物质的冲击负荷和有毒物质对系统的不利影响;②尽量保持废水处理中的酸碱平衡,以减少中和反应所需要的化学药品的用量;③加快热量的散失,尽可能地混合低温废水和高温废水,以调节水温;④若采用间歇式的废水处理方式,可考虑一段时间内生物处理系统的连续进水。

设置调节池的优点如下:①消除或降低冲击负荷;②有毒物质得以稀释;③pH 值得以稳定;④保证了后续的生物处理效果;⑤由于生物处理单元在固体负荷率方面保持相对一致性,后续的二沉池在出水质量和沉淀分离方面效果也大大改善;⑥在需要投加化学药剂的场合,由于水量与水质得到调节,化学投药易于控制,工艺具有可靠性。不可否认,设置调节池也会带来一些负面因素,如占地面积增大,投资加大,维护管理的难度增加等。

(二) 调节池的设置

1. 调节池布设位置

调节池布设的位置要根据废水收集系统和待处理废水的特性、占地面积以及处理工艺类型等来决定。如果考虑将调节池设置在废水处理厂附近,需要考虑如何将调节池纳入废水处理的工艺流程中。在一些场合,可将调节池设置在一级处理与生物处理之间,以避免在调节池内形成浮渣和固体沉积。如果将调节池设置在一级处理之前,应当选择合理的搅拌方式。

2. 调节池均质、均量方式

工业废水的变化主要体现在水质和水量两个方面,因此调节池的类型需要根据这两种加以区分和设计。如果是针对废水的水质进行调节,那么则需要调节池能够将不同水质的废水充分混合均匀,得到水质较为平衡的废水,因此这类调节池内一般需要设置大型的搅拌设备,将废水搅拌混合。搅拌装置一般采用的搅拌方式有空气搅拌、机械搅拌、水力搅拌等；如果是针对废水的水量进行调节，则需要调节池有适量的容积，保证均匀出水。

（三）调节池种类

1. 穿孔导流槽式调节池

穿孔导流槽式调节池如图 2-9 所示。同时进入调节池的废水，由于流程长短不同，使前后进入调节池的废水相混合，以此达到均匀水质的目的。

调节池的形式除上述矩形的调节池外还有方形和圆形的调节池。圆形调节池如图 2-10 所示。

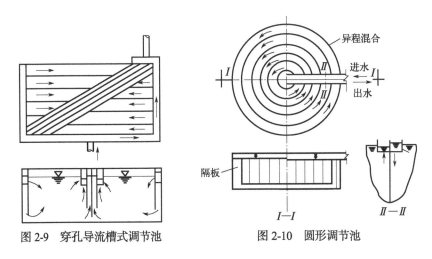

图 2-9　穿孔导流槽式调节池　　　　图 2-10　圆形调节池

2. 搅拌调节池

采用空气搅拌的调节池，一般多在池底或池一侧装设曝气穿孔管，或采用机械曝气装置。空气搅拌不仅起到混合及防止悬浮物下沉的作用，还有一定限度的预除臭和预曝气作用。为了保持调节池内的好氧条件，空气供给量以维持 $0.01 \sim 0.015 m^3/(m^3 \cdot min)$ 为宜。

机械搅拌调节池一般是在池内安装机械搅拌设备以实现废水的充分混合。为降低机械搅拌功率，调节池尽可能设置在沉砂池之后，采用的搅拌功率宜控制在 $0.004 \sim 0.008 kW/h$ 之间。

水力搅拌调节池多采用水泵强制循环搅拌，即在调节池内设穿孔管，穿孔管与水泵的压水管相连，利用水压差进行强制搅拌。

三、隔油池（罐）

在煤化工、石油化工以及石油的开采过程中，都会带来大量的含油废水。其中大多油品相对密度一般都小于1，只有重焦油相对密度大于1，可依据油水密度差进行分离。这类设备统称为隔油池。目前国内外常用的有平流式隔油池和斜板式隔油池两类。

（一）平流式隔油池

平流式隔油池与平流式沉淀池相似，如图2-11所示，废水从池的一端进入，以较低的水平流速流经池子，从另一端流出。在此过程中，废水中轻油滴在浮力作用下上浮聚集在池面，通过设在池面的刮油机和集油管收集回用，密度大于水的颗粒杂质沉于池底，通过刮泥机和排泥管排出。刮油刮泥机的作用是将水面的浮油推向末端集油管，而在池底部起着刮泥的作用。

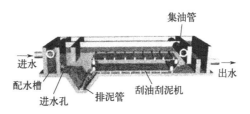

图2-11 平流式隔油池

平流式隔油池一般不少于两个，池深1.5~2.0m，超高0.4m，每单格的长宽比不小于4，工作水深与每格宽度之比不小于0.4，池内流速一般为2~5mm/s，停留时间一般为1.5~2.0h。

一般隔油池水面的油层厚度不应大于0.25m。集油管常设在池出口处及进水口，一般为直径200~300mm的钢管，管轴线安装高度与水面相平或低于水面5cm，沿管轴方向在管壁上开有60°角的切口。集油管可用螺杆控制，使集油管能绕管轴转动，平时切口处于水面以上，收油时将切口旋转到油面以下，浮油溢入集油管并沿集油管流向池外。

含油废水在气温较低的时候油会有一定程度的凝固，流动性变差，因此在气温较低的季节或地区要对隔油池采用一些保温和加热措施，增强含油废水的流动性，保证隔油池的正常工作。隔油池需要一定的密闭措施用来防火，保障安全，同时防止雨水进入隔油池二次污染，以及防止油气进入空气，造成大气污染。

（二）斜板式隔油池

对于废水中的细分散油，同样可以利用浅层理论来提高分离效果。斜板式隔油池如图2-12所示，聚酯玻璃钢波纹板是制作池内斜板的主要材料，斜板必须有一定的倾斜角度，且一般不小于45°，板和板之间要保持40mm左右的间距，废水自上而下流入斜板组并排出，油脂会随斜板上浮，经集油管收集排出。

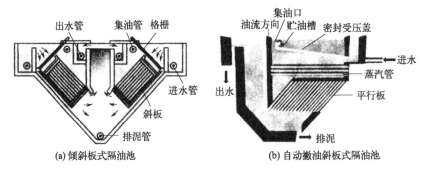

图2-12 斜板式隔油池

四、气浮除油

气浮法的原理是使废水中的固态或液态污染物质吸附在气泡上，并随气泡上浮，附着了污染物质的气泡在水面上层形成一层气泡层，因此，只需要将气泡层与污水分离就可以达到去除污染物质的目的。气浮法的应用十分广泛，一是用来作二次沉淀池；二是用来分离回收水中的物质。但是并不是所有物质都可以用气浮法来分离，气浮法使用微小气泡来吸附废水中的物质，因此需要该物质为固态或液态颗粒，且在水中悬浮，具有疏水性质。一般为含油废水中的悬浮油和乳化油或者以分子或离子状态存在的表面活性物质、金属离子等物质等。气浮法的工作流程包括微小气泡的产生、气泡吸附污染物颗粒、气泡的上浮与分离这一系列的连续动作过程，因此需要具备专业的设施和工艺，理想的气泡尺寸为 15～30μm。气泡的产生是气浮法的重要环节，根据生成气泡的方式，气浮法又可以分为电解气浮法、散气气浮法和溶气气浮法。

（一）电解气浮法

电解气浮法就是在废水中放置可溶性或不溶性的电极，并通直流电，在电解的作用下产生细小均匀的氢气泡或氧气泡，属于电化学原理作用，这种方法不仅可以分离废水中的固体或液体污染物，还可以起到氧化、杀菌、降低生化需氧量（BOD）的作用，是一举多得的气浮处理方法。从处理效果来看可溶性电极要强于不溶性的电极，但是出于设备消耗和费用的角度考虑，在实际生产中主要还是使用不溶性的电极。电解气浮装置分为平流式和竖流式两种。

1. 平流式电解气浮装置

如图 2-13 所示，平流式电解气浮装置一般采用矩形气浮池，池内主要分为入流室、分离室和排出装置。入流室是废水流入并发生电解的区域，废水首先进入入流室，经过整流栅再通过电极组，在电极组的作用下形成电解气泡，电解气泡吸附污染物质颗粒后随水流一起进入分离室，气泡上浮形成气泡层并被气浮池上部的刮渣机带走，并通过排出装置排出。分离室的底部还设有排泥口，一些无法被吸附的沉淀物质可以通过排泥口排出。

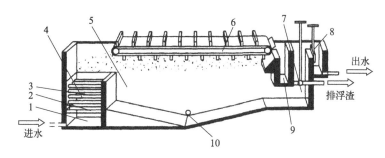

图 2-13 平流式电解气浮装置

1—入流室；2—整流栅；3—电极组；4—接触区；5—分离室；6—刮渣机；
7—排渣阀；8—水位调节器；9—浮渣室；10—排泥口

2. 竖流式电解气浮装置

如图 2-14 所示，竖流式电解气浮池的池面一般为圆形，和平流式一样，池内主要分为入流室、分离室和排出装置。竖流式电解气浮池的中心为入流室，入流室上部为电解区域。废水通过进水口进入中央入流室，并通过整流栅整流和电极组电解后形成微小气泡，微小气泡吸附废水中的污染物并上浮，上浮到顶部后经过出流孔向池子四周均匀分布，气泡在池子顶层形成浮渣层，并被刮渣机带走排出。池子底部设有两根管道用来出水和排泥。

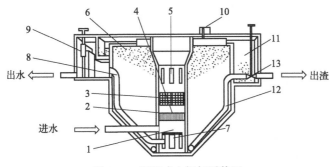

图 2-14 竖流式电解气浮装置

1—入流室；2—整流栅；3—电极组；4—整流区；5—出流孔；6—分离室；7—集水孔；8—出水管；9—水位调节器；10—刮渣机；11—浮渣室；12—排泥管；13—排渣阀

电解气浮法是比较常用的气浮方式，电解气浮法的作用范围较广；而且产生的泥渣量比较少；工艺和设备的操作都比较简单。但是因为需要不间断地通直流电所以，耗电量较大，电极的清理和更换也比较麻烦。

（二）散气气浮法

散气气浮法的原理与电解气浮法不同，这种方法不直接在池中产生气体，而是将外部空气直接充入废水中，再利用散气装置将气体变成微小气泡。根据散气装置的不同，可将散气气浮法分为微孔曝气气浮法和剪切气泡气浮法。

1. 微孔曝气气浮法

微孔曝气气浮法主要是通过扩散板上的微孔将气体变成微小气泡，从而吸附废水中的污染物质，进行分离和回收，微孔曝气气浮法的装置如图 2-15 所示。压缩空气通过进气口进入池内，压缩气体具有一定的爆破力，因此可以快速通过扩散板，扩散板分布了许多小气孔，气体通过时会被气孔的剪力变为小气泡，气泡上浮的过程中会吸附大量的污染物质，最终通过排渣口排出。微孔曝气气浮法是一种原理简单、装置简易的气浮方法,但是扩散板长时间使用后会非常容易堵塞且清理不方便,这种物理方法形成的气泡的大小也不均衡且直径较大,因此气浮效果也比较差。

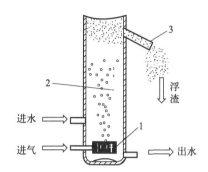

图 2-15 微孔曝气气浮装置
1—微孔陶瓷扩散板;2—分离区;3—排渣口

2. 剪切气泡气浮法

剪切气泡气浮法也是利用散气装置的剪力来形成气泡的,气体在通过散气装置时受力分解并在废水中四散开来。射流气浮法、叶轮气浮法和涡凹气浮法等都属于剪切气泡气浮法。

(1)射流气浮法 射流气浮法采用图 2-16 所示的射流器向水中充入空气。在气浮过程中,高压水经过喷嘴喷射而产生负压,使空气从吸气管吸入并与水混合形成气水混合物。气水混合物在通过喉管时将水中的气泡撕裂、剪切、粉碎成微气泡,并在进入扩散管后,将气水混合物的动能转化为势能,进一步压缩气泡,最后进入气浮池进行气液分离过程。因设备限制,射流气浮装置的吸气量要根据进水量进行调整,通常不超过进水量的 10%。

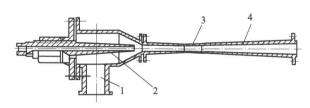

图 2-16 射流器的构造
1—吸气管;2—喷嘴;3—喉管;4—扩散管

（2）**叶轮气浮法** 叶轮气浮法如图 2-17 和图 2-18 所示。叶轮的高速旋转会使盖板下的空间形成负压，压力的差距让空气管中的空气灌入盖板下方，同时使废水进入这个区域，气体进入之后会被高速旋转的叶轮变成微小气泡，然后和水充分混合搅拌，再被甩出导向叶片以外，最后经过整流板稳流后，气体在池内上升，产生气浮效果。叶轮气浮适用于处理水量不大，悬浮物含量高的废水，如用于洗煤废水或含油脂、羊毛等废水的处理，去除率比较高，一般可达 80% 左右。该方法的特点是设备不易堵塞，运行管理、操作较为简单。

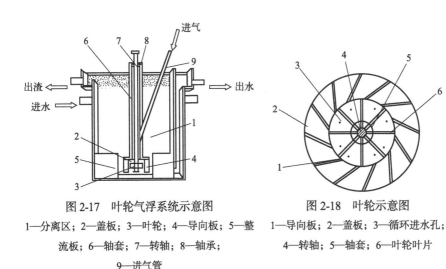

图 2-17　叶轮气浮系统示意图
1—分离区；2—盖板；3—叶轮；4—导向板；5—整流板；6—轴套；7—转轴；8—轴承；9—进气管

图 2-18　叶轮示意图
1—导向板；2—盖板；3—循环进水孔；4—转轴；5—轴套；6—叶轮叶片

（3）**涡凹气浮法** 涡凹气浮法又叫空穴气浮法，是美国环保公司的专利产品。主要用于去除城市废水或工业废水中的一些固体悬浮物、胶状物及油脂。如图 2-19 所示是涡凹气浮系统示意图。涡凹气浮法的工作原理是，池内的涡轮高速旋转产生负压，负压将气体吸入池内，并沿涡轮的四个气孔排出，气体排出时会被高速旋转的涡轮叶片变成微小气泡，气泡与涡轮附近的废水充分结合吸附水中的污染颗粒物，可跟随气泡在废水中上浮至水面部分，这时刮泥机作用，将浮渣集中起来并转移到集渣槽并排出，部分沉淀物通过池子底部的排泥管排出。由于涡凹气浮法的工作过程主要是靠涡轮产生压力差来吸入废水和空气，再利用涡轮叶片来打碎空气，因此不容易造成气孔或进水管堵塞等问题，也不需要其他动力设备。

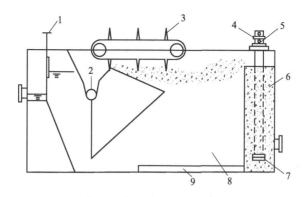

图 2-19　涡凹气浮系统示意图

1—水位调节器；2—集渣槽；3—刮泥机；4—涡凹曝气机；5—进气孔；
6—接触区；7—涡轮；8—分离区；9—回流管

（三）溶气气浮法

由于气体在不同压力下在水中的溶解度不同，所以压力大时水中可以溶解更多的气体，随着压力减小，这些原本溶于水的气体又会释放出来。气体在水中主要是以产生气泡的形式释放的，所以在压力由高到低变化时，水中会产生许多直径较小、分布均匀的微小气泡，这种形式的气泡上升速度慢，因此气浮效果更好，利用这一原理进行污染物质吸附和分离的方法就叫溶气气浮法。溶气气浮法需要专业的溶气和释气设备，通过这些设备来调节水的压力进行溶气和释气。溶气气浮法分为真空溶气气浮法和加压溶气气浮法，这两种方法的压力差产生形式并不相同。

1. 真空溶气气浮法

真空溶气气浮法是在水中产生负压，通过压力差使气体大量溶于水，再经过低压处理使气体溢出，形成微小气泡。真空气浮设备的构造如图 2-20 所示。废水通过入流调节器后进入曝气室，由曝气器进行预曝气，使废水中的溶气量接近于常压下的饱和值。未溶空气在消气井中脱除，然后废水被提升到分离区。分离池处于低压状态，所以溶于水的空气很容易以小气泡的形式溢出来。废水中悬浮的固态或液态污染物质黏附在这些细小的气泡上，并随气泡上浮到浮渣层，旋转的刮渣板将浮渣刮至集渣槽，然后经出渣室排出。处理后的水由环形出水槽收集后排出。在真空气浮设备底部装有刮泥板，用以排除沉到池底的污泥。

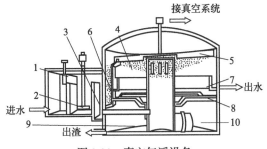

图 2-20 真空气浮设备

1—入流调节器；2—曝气器；3—消气井；4—分离区；5—刮渣板；6—集渣槽；
7—环形出水槽；8—刮泥板；9—出渣室；10—操作室（包括抽真空设备）

2. 加压溶气气浮法

加压溶气气浮法是利用设备加压，气压升高后大量气体溶于废水，并在之后常压状态下释放多余气体形成气泡。加压溶气气浮法的完成主要依靠压缩空气产生设备和空气释放设备，全部废水溶气气浮法、部分废水溶气气浮法和部分回流加压溶气气浮法是加压溶气气浮法的三种主要形式。

(1) 全部废水溶气气浮法 如图 2-21 所示是全部废水溶气气浮法示意图。这种方法需要将全部废水在加压泵进行加压，再通过减压装置在分离区形成气浮分离。由于加压废水量大，因此耗电量较高，但因为只需要对全部废水进行加压，不需要另外引入溶气水，所以使用这种方法的气浮池容积较小。全部废水溶气气浮法需要在泵前投加混凝剂，并要求混凝剂与水充分混合，从目前的分离效果来看，投加混凝剂形成的絮凝体在加压及减压、释放气泡的过程中并不会产生明显的不利影响。

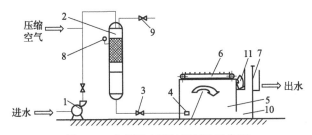

图 2-21 全部废水溶气气浮法示意图

1—加压泵；2—压力溶气罐；3—减压阀；4—溶气释放器；5—分离区；6—刮渣机；
7—水位调节器；8—压力表；9—放气阀；10—排水区；11—浮渣室

（2）部分废水溶气气浮法 如图2-22所示是部分废水溶气气浮法的示意图。该方法与全部废水溶气气浮法的工作流程大同小异，区别在于部分废水溶气气浮法不需要对所有的废水进行加压，只需要将部分废水加压，另一部分则直接排入分离池内，加压后的废水在进入分离池后与常压废水相融，气泡作用于分离池中，吸附废水中的污染物质并在废水表面形成废渣。部分废水溶气气浮法耗电量小，溶气罐的体积也更小。

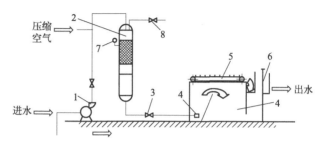

图2-22 部分废水溶气气浮法示意图

1—加压泵；2—压力溶气罐；3—减压阀；4—分离区；5—刮渣机；
6—水位调节器；7—压力表；8—放气阀

（3）部分回流加压溶气气浮法 如图2-23所示是部分回流加压溶气气浮法的示意图。这种方法与前两种方法的区别在于，工业生产废水直接进入分离池，不对废水进行加压处理，而是将分离后的部分出水回流至溶气罐进行加压处理，这种方法更适合于悬浮物含量较高的废水。这种废水如果直接进入加压、释放装置容易堵塞装置，因此需要对回流出水加压，部分回流加压溶气气浮法的气浮池设计和建造成本会更高。

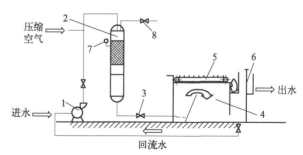

图2-23 部分回流加压溶气气浮法示意图

1—加压泵；2—压力溶气罐；3—减压阀；4—分离区；5—刮渣机；
6—水位调节器；7—压力表；8—放气阀

(四) 气浮池

根据水流特点，气浮池主要分为平流式气浮池和竖流式气浮池两种形式。

1. 平流式气浮池

平流式气浮池一般为矩形池，池深不超过2.5m，气浮池的表面负荷一般在5～10m³/(m²·h)，废水进入气浮池后会停留30～40min之后完成气浮分离再排出。由于气浮法对于气泡流动有一定的要求，为避免水流进入时对池内气泡产生冲击，影响气浮分离的工作过程，因此平流式气浮池的池内结构一般需要将入流区和分离区间隔开，水流进入池内后通过整流再进入分离区，减少水流对气泡的影响，结构如图2-24所示。平流式气浮池中一般采用桥式刮渣机。

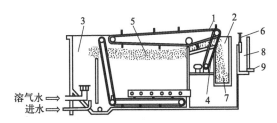

图2-24 平流式气浮池

1—刮渣板；2—排泥口；3—接触区；4—传动链；5—分离区；6—水位调节器；
7—集渣槽；8—集水槽；9—出水管

2. 竖流式气浮池

如图2-25所示，竖流式气浮池一般为圆柱形结构，方便气泡在水中均

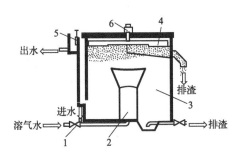

图2-25 竖流式气浮池

1—减压阀；2—接触区；3—分离区；4—刮渣板；5—水位调节器；6—刮渣机

匀分布和充分混合，池高为 4～5m，直径在 9～10m 之间，圆柱形池体的中央为进水池和气泡产生区域，四周空间为分离区，竖流式气浮池中一般采用行星式刮渣机。

第二节　污水的化学处理技术

利用化学反应和传质作用分离和去除污水中的污染物或将污染物转化为无害物质的过程称为污水的化学处理。它的主要处理对象是污水中呈溶解或胶体状态的污染物质。以通过投加药剂产生化学反应为基础的处理方式主要有氧化还原、中和、混凝等；以传质作用为基础的处理方法主要有萃取、汽提、吹脱、吸附、离子交换等。

生活污水较少采用化学法处理，但在某些场合会采用投加药剂的化学处理，如化学除磷、混凝等，主要是利用聚合氯化铝、聚丙烯酰胺等化学药剂与污水中污染物分子间的吸附架桥作用，使污水中细微悬浮粒子和胶体脱稳，然后经相互碰撞和附聚搭接形成较大颗粒和絮凝体而沉淀下来，达到污水净化效果。农村生活污水中的加药单元多布置在污水处理系统中的沉淀池进水口的位置。

一、中和处理

（一）中和原理

化工厂、电镀厂等常排出的酸碱废水，会腐蚀管道，毁坏农作物，危害渔业生产，造成环境污染。对酸、碱废水可采用中和法处理。中和法是指应用化学中和反应，调节废水的酸碱度，使废水的 pH 值达到中性状态的方法。

不同的生产企业和生产环节产生的废水或者废渣的类型不同，有的呈酸性，有的呈碱性，进行中和处理时可以充分利用这一特点，首先将酸碱废水或废渣互相中和，从而节约成本、降低能耗，例如可以将碳酸钙碱渣或电石渣用来中和酸性废水，也可以将工业排放的二氧化碳或二氧化硫气体溶于碱性废水，形成酸碱中和。当不具备以废治废的条件时就需要采用专门的中和剂进行处理，常用的酸性中和剂有硫酸或盐酸；常用的碱性中和剂有石灰、石灰石、氢氧化钠、氢氧化钾、碳酸钠等。

（二）酸水中和

酸性废水中和的方法有碱性废水中和、碱性废渣中和、药剂中和、过滤中和。

1. 碱性废水中和

当有碱性废水时，应首先考虑利用碱性废水中和，这样能够以废治废，节约处理费用。利用碱性废水中和酸性废水时，两种废水的酸或碱的物质的量应相等。

2. 碱性废渣中和

当有碱性废渣时，应考虑采用碱性废渣中和。如锅炉灰中含有质量分数为 2%～20% 的 CaO，电石渣中含一定量的 $Ca(OH)_2$，可将这些废渣投入酸性废水中或用酸性废水喷淋灰渣，均可进行中和反应。

3. 药剂中和

药剂中和应用广泛，药剂能够中和任何浓度的酸性废水。药剂有石灰、苛性钠、石灰石及白云石等。最常用的药剂是石灰（CaO），采用石灰乳投加法，即将石灰消解成石灰乳 $Ca(OH)_2$ 后投加。$Ca(OH)_2$ 对废水中的杂质还具有凝聚作用，因此适合于含杂质的酸性废水中和处理。

4. 过滤中和

将酸性废水流过碱性滤料层进行中和反应的方法，称为过滤中和法。碱性滤料有石灰石、大理石、白云石等。一般常用的为石灰石，其中和反应式为：

$$2HCl + CaCO_3 \longrightarrow CaCl_2 + H_2O + CO_2 \uparrow$$

$$2HNO_3 + CaCO_3 \longrightarrow Ca(NO_3)_2 + H_2O + CO_2 \uparrow$$

$$H_2SO_4 + CaCO_3 \longrightarrow CaSO_4 \downarrow + H_2O + CO_2 \uparrow$$

(三）碱水中和

碱性废水中和的方法有酸性废水中和、酸性废气中和、药剂中和。

1. 酸性废水中和

如果有酸性废水，可用于中和碱性废水，这样可以废治废，节约处理费用。

2. 酸性废气中和

烟道气中有约体积分数为 24% 的 CO_2 及少量的 SO_2 和 H_2S，可以用来中和碱性废水。中和方法有两种，一是将烟道气通过碱性废水，二是将碱性废水作为湿式除尘器的喷淋水。其反应式为：

$$CO_2 + 2NaOH \longrightarrow Na_2CO_3 + H_2O$$

$$SO_2 + 2NaOH \longrightarrow Na_2SO_3 + H_2O$$

$$H_2S + 2NaOH \longrightarrow Na_2S + 2H_2O$$

3. 药剂中和

酸性药剂中和碱性废水时，通常使用质量分数为 93%～96% 的工业浓硫酸，有时也使用盐酸和硝酸中和。在投酸之前，需先将硫酸稀释成质量分数为 10% 的溶液后再投加。

二、化学氧化

（一）基本原理

化学氧化是利用氧化剂氧化分解废水中溶解性的有机物及无机物，从而达到净化废水的目的。在化学反应中，如果发生电子的转移，参与反应的物质所含元素将发生化合价的改变，这种反应称为氧化还原反应。

（二）空气氧化

空气是水处理中最常用的氧化剂，氧在酸性溶液和碱性溶液中的标准氧化还原电位分别为 1.229V 和 0.401V。空气氧化法就是利用空气中的氧作为氧化剂氧化分解废水中的有害物质。在常温常压下，空气氧化能力较弱，主要降解氧化还原性强的物质，如铁、锰、硫等；难降解的有机物常采用高温高压下的氧化法。

1. 空气氧化除铁、除锰

废水及地下水中常含铁离子，可通过曝气将 Fe^{2+} 氧化为 Fe^{3+}，而 Fe^{3+} 很容易与水中的碱作用生成 $Fe(OH)_3$ 沉淀而去除。地下水除铁，常在锰砂滤池中进行，锰砂起催化作用，其反应式为：

$$4Fe^{2+}+8HCO_3^-+O_2+2H_2O \longrightarrow 4Fe(OH)_3\downarrow +8CO_2\uparrow$$

2. 空气氧化脱硫

石化厂等废水中常含有硫化氢、硫醇、硫的钠盐和铵盐，可采用空气氧化法脱硫，其工艺流程如图 2-26 所示。向废水中注入空气或蒸汽，硫化物可被氧化为无毒或微毒的硫代硫酸盐或硫酸盐，其反应式为：

$$2HS^-+2O_2 \longrightarrow S_2O_3^{2-}+H_2O$$

$$2S^{2-}+2O_2+H_2O \longrightarrow S_2O_3^{2-}+2OH^-$$

$$S_2O_3^{2-}+2O_2+2OH^- \longrightarrow 2SO_4^{2-}+H_2O$$

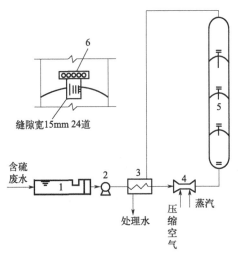

图 2-26　空气氧化法处理含硫废水工艺流程图
1—隔油池；2—泵；3—换热器；4—射流混合器；5—空气氧化塔；6—喷嘴

3. 湿法氧化

湿法氧化是在较高的温度和压力下，用空气中的氧来氧化废水中的溶解物和悬浮性有机物的方法，是没有火焰的燃烧。湿法氧化的操作压强一般为 5 ~ 12MPa。湿法氧化对不同的污染物其氧化的难易程度是不同的，氰化物、脂肪族化合物和含非卤代基团的芳香族化合物易氧化；卤代芳香族化合物（如氯苯、多氯联苯等）难氧化。

湿法氧化的温度一般控制在 150 ~ 280℃，反应的前半小时，因反应物浓度高，氧化速度快，去除率高。此后，因反应物浓度降低及中间产物难以氧化，使氧化速度趋缓，去除率降低。因此，湿法氧化常作为处理高浓度废水生物处理的预处理，控制湿法氧化的时间为半小时。

4. 焚烧法

焚烧法是在高温下用空气氧化处理废水的一种有效方法。其工艺流程为：废水呈雾状喷入高温（> 800℃）的燃烧炉（旋风焚烧炉）中，使水雾完全汽化，废水中的有机物在炉内被氧化为 CO_2 及 H_2O，而废水中的矿物质、无机盐则生成固体或熔融粒子。焚烧法的缺点是燃料消耗大，当废水中含有的有机物质量热力学能大于 4360kJ/kg 方可用焚烧法处理，如丙烯腈废水毒性大而燃值高，目前国内外大多采用焚烧法处理。对质量热力学能低的废水可采用蒸发蒸馏处理后再行焚烧，或采用湿法氧化法处理。

（三）臭氧氧化

1. 臭氧氧化法的原理

臭氧（O_3）是一种强氧化剂。其具有的强氧化性，一是来自可分解产生具有强烈氧化性的初生态氧（O），二是臭氧中的氧原子具有强烈亲电子和亲质子的性质。在水处理中可用于除臭、脱色、除铁、除氰化物、消毒杀菌及去除有机污染物等。

2. 臭氧发生器

一般采用无声放电法生产臭氧。在一对高压交流电极之间，间隙 1 ~ 3mm，形成放电电场，由于介电体的阻碍，只有极少的电流通过电场，即在介电体表面的凸点上发生面部放电,不能形成电弧,称为无声放电。当空气或氧气通过此间隙时,在高速电子流的轰击下,一部分氧分子生成臭氧,其反应式为:

$$O_2+e^- \rightleftharpoons 2O+e^-$$

$$3O \rightleftharpoons O_3$$

$$O_2+O \rightleftharpoons O_3$$

3. 接触方式

要使臭氧能较好地溶解于废水中,还需要有良好的水气接触设备,以提高臭氧向水中的传递效果。在水处理中常用的水与臭氧的接触设备有鼓泡塔、固定混合器、涡轮注入器、喷射器和填料塔。臭氧与水接触后的尾气含有一定的剩余臭氧,为防止对大气的污染,应进行处理。处理方法有燃烧分解、活性炭吸附、催化分解和化学吸收等。

4. 臭氧法的应用

臭氧法广泛用于废水的处理及水质消毒。

(1) **炼油含酚废水处理** 臭氧氧化处理炼油含酚废水,氧化速度快,酚环可被切断而生成易降解的物质。

(2) **电镀含氰废水处理** 臭氧能快速氧化电镀含氰废水,去除率可达97%左右。对铁氰络化物可采用臭氧加紫外线照射方法处理,铁氰络化物可由4000mg/L降至0.3mg/L。

(四)氯氧化法

作为氧化剂的氯有氯气、液氯、漂白粉、漂粉精、次氯酸钠和二氧化氯等。氯气是具有刺激性气味的黄绿色有毒气体;液氯是氯气被压缩后变为琥珀色的透明液体;漂粉精可加工成片剂称为氯片;次氯酸钠可利用电解食盐取得。

三、化学还原

化学还原法是利用化学还原反应将废水的污染物通过还原剂变为其他物质并分离出来,常用的还原剂有铁粉、铁屑、金属锌、硫酸亚铁、二氧化硫、水合肼、甲醛、亚硫酸钠及亚硫酸氢钠等。化学还原法主要用于分离水中的重金属离子，因为重金属离子大部分都可以发生还原反应，便于收集。化学还原法根据还原剂的不同可以分为金属还原法、硫酸亚铁还原法、亚硫酸盐还原法及水合肼还原法等。

1. 金属还原法

常以固体金属铁屑与锌粒等还原剂作为滤料还原废水中的铬、汞、铜及镉等污染物，如废水中的铜离子、汞离子与铁屑进行的反应为：

$$Fe+Cu^{2+} \longrightarrow Fe^{2+}+Cu \downarrow$$

$$Fe+Hg^{2+} \longrightarrow Fe^{2+}+Hg \downarrow$$

$$3Hg^{2+}+2Fe \longrightarrow 3Hg \downarrow +2Fe^{3+}$$

2. 硫酸亚铁还原法

利用硫酸亚铁还原法处理含铬废水效果较好，在 pH 为 2.9～3.7 时，将废水中的 Cr^{6+} 还原为 Cr^{3+}，然后投加石灰调整 pH 为 7.5～8.5，生成氢氧化铬沉淀。

$$6FeSO_4+H_2Cr_2O_7+6H_2SO_4 \longrightarrow Cr_2(SO_4)_3+3Fe_2(SO_4)_3+7H_2O$$

$$Cr_2(SO_4)_3+3Ca(OH)_2 \longrightarrow 2Cr(OH)_3 \downarrow +3CaSO_4 \downarrow$$

3. 亚硫酸盐还原法

先将 Cr^{6+} 还原为 Cr^{3+}，然后使用 NaOH 中和剂，调整 pH 为 7～9，生成 $Cr(OH)_3$ 沉淀。

$$3Na_2SO_3+H_2Cr_2O_7+3H_2SO_4 \longrightarrow Cr_2(SO_4)_3+3Na_2SO_4+4H_2O$$

$$6NaHSO_3+2H_2Cr_2O_7+3H_2SO_4 \longrightarrow 2Cr_2(SO_4)_3+3Na_2SO_4+8H_2O$$

$$Cr_2(SO_4)_3+6NaOH \longrightarrow Cr(OH)_3 \downarrow +3Na_2SO_4$$

4. 水合肼还原法

水合肼（$N_2H_4 \cdot H_2O$）在中性或微碱性条件下，能迅速还原六价铬并生成氢氧化铬沉淀。

四、化学沉淀

（一）化学沉淀原理

化学沉淀法主要是利用化学反应生成沉淀的原理分离水中的污染物质，需要根据废水的污染物成分向水中加入特殊的化学药剂才能发生化学反应形成难溶的沉淀，然后进行固液分离。向废水中投加的化学物质称为沉淀剂。常用的化学沉淀剂有碳酸盐、氢氧化物、硫化物、钡盐、卤化物及铁盐等。废水中的重金属离子，如汞、镉、铅、锌、镍、铬、砷、铜等以及氟、硫、硼、氰等非金属物质均可通过化学沉淀法去除。

如果某化合物在溶液中的浓度超过其饱和浓度，就会从溶液中析出。其在溶液中的阴阳离子浓度之积是个常数，称为溶度积 K_{sp}，若超过溶度积 K_{sp}，将产生沉淀析出。如需去除废水中的 Zn^{2+}，可投加 Na_2S，生成 ZnS，若 Zn^{2+}、S^{2-} 之积超过 ZnS 的溶度积 $K_{sp}=1.6 \times 10^{-24}$ 时，则 ZnS 从水中析出，从而去除废水中的 Zn^{2+} 离子。

（二）化学沉淀方法

1. 碳酸盐沉淀法

碳酸盐沉淀法是向废水中投加碳酸盐沉淀剂，如碳酸钠、碳酸钙等，使其与金属离子生成难溶的碳酸盐沉淀而析出。大部分金属离子和碳酸盐反应都会形成难溶于水的沉淀，而且形成沉淀的过程也非常充分，利用这一方法对废水中的金属离子进行分离十分方便且高效。

2. 氢氧化物沉淀法

废水中的金属离子还可以与氢氧化物反应形成沉淀，氢氧化物一般为碱性物质，常用的沉淀剂有石灰石、石灰、电石渣和氢氧化钠。要特别注意氢氧化物的反应条件，pH值是氢氧化物沉淀的重要影响因素，如处理含锌废水时，其沉淀的最佳pH值为9～10。常用的如石灰石等沉淀剂都较为经济实惠且货源充足，但是缺点是沉渣量大。采用氢氧化钠为沉淀剂时可减少沉渣量。

3. 硫化物沉淀法

金属硫化物比其氢氧化物的溶度积更小，所以可向废水中投加硫化物使金属离子生成金属硫化物沉淀而去除回收。常用的硫化物沉淀剂有 H_2S、Na_2S、NaHS、$(NH_4)_2S$、MnS 及 FeS 等。如处理含汞废水，可向废水中投加硫化钠，生成硫化汞沉淀。

4. 卤化物沉淀法

常采用氯化钠沉淀法处理镀银和照相工艺中产生的废水，氯化钠与废水中的银离子生成氯化银沉淀，从而去除废水中的银离子。

5. 铁氧体沉淀法

向欲处理的废水中投加亚铁盐，调整pH值，充氧加热，使废水中的金属离子形成不溶性的铁氧体而沉淀析出。在投加亚铁盐后，由于水解使pH值下降，应投加NaOH调整pH为8～9。向废水中充氧，使二价铁转化为三价铁，加热到60～80℃，反应时间20min，可加速铁氧体的形成。铁氧体是一种具有晶体结构的复合氧化物，不溶于水和酸碱溶液，具有较高的磁导率和电阻率，其化学组成主要是二价和三价金属氧化物。

铁氧体法的优点是可同时除去废水中的多种金属离子，出水水质好，对水质适应性强，沉渣易分离，设备简单。缺点是不能单独回收某种金属，处理成本较高。

6. 磷酸盐沉淀法

当要去除废水中含有的可溶性磷酸盐时，可向废水中投加铁盐或铝盐生成不溶性的磷酸盐沉淀而去除。投加的铁盐、铝盐有 $FeCl_3 \cdot 6H_2O$、$FeCl_3$+ $Ca(OH)_2$、$AlCl_3 \cdot 6H_2O$ 及 $Al(SO)_4 \cdot 18H_2O$，铁盐、铝盐等沉淀剂的加入量应根据磷酸盐的含量来确定，使用铁盐时应调整pH值为5，使用铝盐时，应调整pH值为6。此法一般去除磷酸盐的比率可达90%以上，其沉淀物可用作农肥。

五、电解

电解反应也是一种基础的化学反应,通常这种反应发生的过程是在电解质溶液中放入金属电极并通直流电,通电后金属具有导电性并与溶液发生电解反应,分别在金属电极的正负极产生氧化反应和还原反应形成不同的物质。氧化反应和还原反应可以作用于各种离子、无机和有机的耗氧物质,从而形成新的物质。电解处理法的应用范围很广,一般用于处理废水中的 CN^-、AsO_2^-、Cr^{6+}、Cd^{2+}、Pb^{2+}、Hg^2 等离子还有硫化物、氨、酚等。

在电解时把电能转变为化学能的装置称为电解槽。当电解槽接通直流电后,阴极与阳极之间产生了电位差,驱使正离子移向阴极,在阴极上取得电子,进行还原反应;负离子移向阳极,在阳极上放出电子,进行氧化反应。这种在电极上得到电子或放出电子的过程称为放电。

电解的基本定律如下。

1. 法拉第电解定律

电解时在电极上析出的或溶解的物质数量与通过的电量成正比,这一定律称为法拉第定律,可表示为:

$$G = \frac{1}{F}EQ \quad 或 \quad G = \frac{1}{F}EIt$$

式中　G——析出的或溶解的物质质量,g;

F——法拉第常数,96485C/mol;

E——物质的相对分子质量;

Q——通过的电量,C;

I——电流强度,A;

t——电解时间,s。

2. 分解电压

能使电解正常进行时所需的最小外加电压称为分解电压。电解槽就相当于原电池,原电池的内部有一定的电动势,这种电动势与外加电流的方向相反,因此电解反应想要发生,首先外加电流就要克服原电池的电动势,并且外加电压要大于原电池电动势才能充分发生电解反应。当分解电压超过原电池电动势时就会出现极化现象，极化现象又分为浓度极化和化学极化。

（1）**浓度极化**　在电解反应发生时，金属电极附近会产生一定浓度的电解质离子，这一部分的离子浓度要高于溶液内部的离子浓度，从而形成浓度电池，这种浓度电池也是一种原电池，会产生与外加电压相反的电位差，这一现象不利于电解反应的发生，会加大分解电压，因此要通过加强搅拌的方式减小这一电位差，但是不能完全消除。

（2）**化学极化**　电解时在两极析出的产物可构成原电池，此电池电位差也和外电压方向相反，此种现象称为化学极化。

第三节　污水的生物处理技术

在自然水体中，存在着大量依靠有机物生活的微生物。它们不但能分解氧化一般的有机物并将其转化为稳定的化合物，而且还能转化有毒物质。生物处理就是利用微生物分解氧化有机物的这一功能，并采取一定的人工措施，创造有利于微生物的生长、繁殖的环境，使微生物大量增殖，以提高其分解氧化有机物效率的一种污水处理方法。

一、氧化沟工艺

氧化沟又名连续循环曝气池，是活性污泥法的一种改型。它把循环式反应池用作生物反应池，混合液在该反应池中沿一条闭合式曝气渠道进行连续循环，水力停留时间长，有机物负荷低，通过曝气和搅动装置，向反应池中的污水传递能量，从而使被搅动的污水在沟内循环，基本型氧化沟系统如图 2-27 所示。

1. 氧化沟工艺的优点

① 处理效率高。氧化沟的处理效率较高，能够有效地去除废水中的有机物和氮、磷等营养物质，使废水达到排放标准。

② 运行成本低。氧化沟的运行成本相对较低，因为它不需要使用化学药

剂，只需要进行生物处理就可以了，这降低了处理成本。

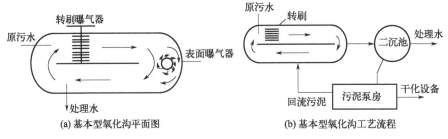

图 2-27　基本型氧化沟系统

③ 操作简单。氧化沟的操作相对简单，只需要控制好进水和出水的流量，以及氧化沟内的曝气量和混合速度等参数，就能保证废水的处理效果。

④ 适应性强。氧化沟适用于处理各种类型的废水，包括生活污水、工业废水、农业废水等，具有很强的适应性。

2. 氧化沟工艺的缺点

① 对温度敏感。氧化沟的处理效果会受到温度的影响，当水温低于 10℃ 时，氧化沟的处理效果会下降。

② 需要较大的土地面积。氧化沟需要较大的土地面积来建造，尤其是对于处理大量废水的企业来说，需要投入大量的土地资源。

③ 对氧气需求高。氧化沟需要大量的氧气来进行生物处理，因此需要配置大量的曝气设备，增加了设备投资和运行成本。

④ 易受负荷冲击。氧化沟的处理效果容易受到负荷冲击的影响，当废水中的有机物浓度突然增加时，氧化沟的处理效果会下降。

3. 氧化沟工艺的适用范围

氧化沟工艺是一种常见的废水处理工艺，广泛应用于城市污水处理、工业废水处理、农村生活污水处理等领域。

在城市污水处理方面，氧化沟是一种常见的二级处理工艺。城市污水中含有大量有机物和悬浮物，通过氧化沟处理可以有效去除这些污染物。在氧化沟中，污水与微生物接触，微生物利用有机物进行呼吸代谢，将有机物降解为无机物，从而达到净化水质的目的。

在工业废水处理方面，氧化沟也是一种常用的处理工艺。工业废水中往往含有大量的有机物、重金属离子等污染物，这些污染物对环境和人体健康造成严重威胁。氧化沟通过生物降解的方式去除有机物，同时通过沉淀、吸附等作用去除重金属离子，从而实现工业废水的处理和排放标准的要求。此外，氧化沟还可以适用于处理一些特殊的工业废水，如含有高浓度有机物、高浓度硫化物等的废水。

在农村生活污水处理方面，氧化沟也是一种常见的处理工艺。农村地区由于人口分散、用水量小，往往没有建设大型的污水处理厂，因此需要采用小型、经济的处理工艺。氧化沟正是满足这一需求的理想选择。氧化沟不需要复杂的设备和高水平的管理，只需要一定的土地面积和一些简单的管道和搅拌设备即可。同时，氧化沟处理效果稳定，对农村生活污水中的有机物、氨氮等污染物有良好的去除效果，可以达到农村地区的排放标准要求。

氧化沟还可以应用于一些特殊场景，如垃圾渗滤液的处理、畜禽养殖废水的处理等。垃圾渗滤液中含有大量的有机物和氨氮，通过氧化沟处理可以有效去除这些污染物，减少对土壤和地下水的污染。畜禽养殖废水中含有大量的有机物和氮磷等营养物质，通过氧化沟处理可以将这些污染物降解为无害物质，减少对水环境的污染。

二、序批式活性污泥（SBR）工艺

20世纪70年代初，美国诺特丹大学的Irvine（欧文）教授及其同事对间歇进水、间歇排水的序批式活性污泥法进行了系统性的研究，并将此工艺命名为序批式活性污泥法，该工艺具有一系列优于传统活性污泥法的特点。序批式活性污泥法单元池周期运行示意图如图2-28所示。

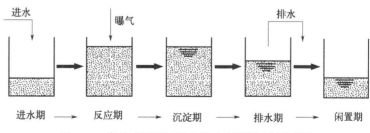

图2-28 序批式活性污泥法单元池周期运行示意图

1. SBR 工艺优点

① 工艺并不复杂而且造价不高，便于使用和推广。主体部分结构简单明了且分布紧凑，占地面积较小。

② 工艺流程需要的设施较少而且不复杂，便于运行时的管理和维护。

③ 流程的各个环节均可以根据实际需要进行调节，可以根据污水的不同水质和水量进行适应性调整，整体较为灵活，适用性强。

④ 在运行时进行适当的控制，使好氧、缺氧、厌氧状态合理交替，还能实现对废水的脱氮除磷。

⑤ 运行状态理想时可以加大生化反应推动力，提高反应效率，具有较好的净化效果。

⑥ 反应池内存在 DO、BOD_5 浓度梯度，有效控制活性污泥膨胀。

⑦ 沉淀时间较短，沉淀效率高且运行效果稳定，出水的水质较好。

⑧ 池内剩余的处理水可以有效缓解水量和有机污物的冲击，对新进入的污水有稀释和缓冲的作用。

⑨ SBR 工艺可以在生产中不断组合改造，可以随生产规模的变化而调整，适合废水处理厂的升级或改造。

2. SBR 工艺缺点

① 间歇周期运行，对自控要求高。

② 变水位运行，电耗增大。

③ 脱氮除磷效率不太高。

④ 污泥稳定性不如厌氧硝化好。

3. SBR 工艺适用条件

① SBR 工艺适用于处理各类污水，如生活污水、工业废水、农业废水等。污水的 pH 值在 6.5～8.5 之间，温度在 5～40℃之间，都适合使用 SBR 工艺处理。但是需要注意的是，若污水中含有极少量的有毒物质、重金属、高浓度盐类等，则需进行前处理才可使用 SBR 工艺。

② SBR 工艺的运行需要有稳定的电源供应及大量的空气供应。空气的供应是 SBR 工艺中的关键因素之一，对技术效果有重要影响。因此，在 SBR 工

艺运行过程中，需要确保供应的空气量充足、稳定，并保障氧气的均匀分布。此外，SBR 工艺的电源要求稳定，以确保操作设备的正常运转。

③ SBR 工艺环境温度不宜过低或过高，适合在 5～40℃ 范围内运行。当环境温度超过 40℃ 时，容易引起好氧反应器中生命活动的过分活跃，很可能引起发泡和胶状物质叠层。当环境温度低于 5℃ 时，好氧反应器中的反应速率减缓，处理效果下降。

④ 对于污水中的 N、P 营养盐的去除，SBR 工艺需要添加足够的 C 源。要保证碳源的添加量可以满足微生物对化学需氧量（COD）进行吸收、吸附、生长和代谢的需求，达到最佳的处理效果。一般来说，SBR 工艺中碳源的添加为 COD 的 1～2.5 倍，但不宜过度添加，否则会导致微生物死亡和产生过多的污泥。

⑤ SBR 工艺需要有良好的污泥沉淀条件。在 SBR 的处理过程中，微生物会通过沉淀达到去除有机物和减少污染物的目的。通常采用二次沉淀或污泥培养系统提高沉淀性能，确保沉淀后的清水排放出去达到排放标准。

⑥ SBR 工艺对操作人员的要求较高。由于每个周期的反应时间、混合时间、沉淀时间等因素可能会因水质、天气等因素而变化，因此操作人员需要及时进行调整以确保最佳的污水处理效果。此外，好氧反应器中的混合设备、适时投加的碳源、二次沉淀装置等操作也需要有熟练的技术操作员进行操作。

综上所述，SBR 工艺适用于各种类型的污水处理，但在实际运行过程中需要考虑诸多因素，包括污水的 pH 值、温度、营养盐成分、填料、污泥沉淀等。此外，对电源和空气的要求也非常严格。因此，在实际生产中，必须根据实际情况具体分析，并由专业人员进行操作和调整，以确保 SBR 工艺的安全与高效运行。

三、合建式曝气池

活性污泥法处理污水时，将生物反应（即曝气）部分与沉淀部分合建在一个构筑物中的称为完全混合型合建式曝气池，简称合建式曝气池。其充氧方式采用表面曝气充氧，也可以采用鼓风曝气充氧。

（一）圆形合建式曝气沉淀池

污水由池底进入曝气区与回流污泥的混合液充分而迅速地混合，然后在表面曝气机充氧的同时将进水和原有的混合液混合并提升,经回流窗通过导流室进入沉淀区进行泥水沉淀分离,沉淀分离出的水上升至沉淀区顶部的周边出水堰,溢流入出水槽后集中排放。沉淀于池底部的污泥,沿回流缝流入曝气区底部,大部分污泥经提升与原混合液混合重新进入再次运行,而剩余的污泥则排至池外,圆形合建式曝气沉淀池工艺流程如图2-29所示。

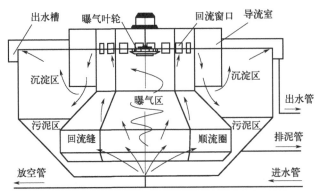

图2-29　圆形合建式曝气沉淀池工艺流程

圆形合建式曝气沉淀池将曝气反应与沉淀分离两部分合建在一个构筑物内,布置紧凑,流程短,有利于新鲜污泥及时回流,确保污泥活性好,又可以省去污泥回流设备。

(二) 圆形合建式曝气沉淀池设计要点

圆形合建式曝气沉淀池由曝气区、导流区、污泥区、沉淀区四部分组成,又辅以回流窗口、回流缝、曝气装置等,组成一个汇集曝气、沉淀于一体的综合性污水处理构筑物。

四、生物膜法处理工艺

(一) 生物膜法优缺点

1. 优点

① 降解效果好。生物膜法污水处理工艺适用于各种高浓度、高难度的有机废水,具有较好的处理效果和稳定的运行性。

②占地面积小。与传统的活性污泥法处理工艺相比,生物膜法污水处理技术占地面积更小,可以大幅度缩小处理设施占地面积,对处理厂的空间要求更加宽松。

③对水质波动适应能力强。生物膜法污水处理工艺对水质的适应能力非常强,可以适应不同水质的处理需要,处理能力稳定可靠,不易受外界干扰。

④节能环保。生物膜法污水处理工艺对氧气消耗小,可以显著减少处理能源的消耗,同时,减少有机物的排放量,对环境保护作用显著。

2. 缺点

①需要较多的填料和填料支承结构,在某些情况下基本建设投资超过活性污泥法。

②污水初期处理效果较差。与传统的活性污泥法处理技术相比,生物膜法污水处理技术对污水初期的生物降解作用不是很明显,需要较长时间的运行和管理才能得到较好的处理效果。

(二)生物膜法处理的特征

生物膜法是利用附着生长于某些固体物表面的微生物(即生物膜)进行有机污水处理的方法。生物膜法与活性污泥法在去除机理上有一定的相似性,但又有区别,生物膜法主要依靠固着于载体表面的微生物膜来净化有机物,而活性污泥法是依靠曝气池中悬浮流动着的活性污泥来分解有机物的。

1. 生物相特征

第一,生物膜法为膜状生物相,可以供大量的细菌、真菌、藻类及原生动物栖息繁衍,还可以使一些增殖速度慢的其他无脊椎动物在生物膜上生长,生物膜的种群实际上非常丰富,可以形成一个小型的复合生态系统并且这个生态系统非常稳定。因此,在生物膜上形成的食物链要长于活性污泥上的食物链。

第二,生物膜一般是在滤料或填料上附着,状态稳定,长期不变,生物固体平均停留较长,因此很适合世代时间较长、增殖速度较慢的微生物存活,如硝化菌、亚硝化菌等。生物污泥的生物固体平均停留时间与污水的停留时间无关。

2. 工艺特征

第一，生物膜的状态较为稳定，对于不同水质和水量的污水都有着良好的处理能力，且抗冲击负荷能力强，可以适应不同种类的污水的变化，对于较低浓度的污水能有较好的处理能力。由于生物膜的有机负荷和水力负荷较强，不受水质水量波动的影响，所以即使一段时间不使用也不会使生物膜造成损坏，再次使用后能够较快地得到恢复。

第二，污泥沉降性能良好，宜于固液分离。即使存在大量增殖丝状菌，也不会产生污泥膨胀。但是，如果生物膜内部形成的厌氧层过厚，在其脱落后，将有大量的非活性的细小悬浮物分散于水中，使处理水的澄清度降低。

第三，能够处理低浓度的污水。活性污泥处理系统中，如进水 BOD 值长期在 50～60mg/L，则将影响活性污泥絮凝体的形成和增长，使净化功能降低，出水水质低下。但是，生物膜法处理系统不受进水浓度低的限制，它可使 BOD 为 20～30mg/L 的污水降解到 5～10mg/L。

第四，运行简单，节能，易于维护管理。生物膜处理法中的各种工艺都是比较易于维护管理的，而且生物滤池、生物转盘等工艺都是节省能源的。

第五，产生的污泥量少。这是生物膜处理法各种工艺的共同特性，并已为实践所证实。一般说来，生物膜处理法产生的污泥量较活性污泥处理系统少 1/4 左右。

第六，在低水温条件下，也能保持一定的净化功能。由于生物膜相的多样化，在低水温条件下，生物膜仍能保持较为良好的净化功能，温度的变化对它的影响较小。

第七，具有较好的硝化与脱氮功能。生物膜的各项工艺具有良好的硝化功能，如果采取的措施适当，还有脱氮功能。

第八，投资费用较大。生物膜法需要填料和支撑结构，投资费用较大。

（三）生物接触氧化工艺

生物接触氧化工艺是一种于 20 世纪 70 年代初开创的污水处理技术，其技术实质是在反应器内设置填料，经过充氧的污水浸没全部填料，并以一定的流速流经填料，从而使污水得到净化。

（四）生物滤池工艺

生物滤池是19世纪末发展起来的，是以土壤自净原理为依据，在污水灌溉的实践基础上建立起来的人工生物处理技术。它是利用需氧微生物对污水或有机性污水进行生物氧化处理的方法。

五、污水生物脱氮除磷技术

（一）生物脱氮工艺

1. 活性污泥法脱氮传统工艺

（1）三级生物脱氮工艺　活性污泥法脱氮的传统工艺是由巴茨（Barth）开创的所谓三级活性污泥法流程，它是以氨化、硝化和反硝化三项反应过程为基础建立的，其工艺流程如图2-30所示。

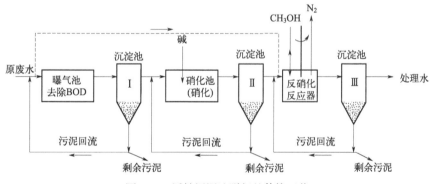

图2-30　活性污泥法脱氮的传统工艺

第一级曝气池为一般的二级处理曝气池，其主要功能是去除BOD、COD，使有机氮转化，形成NH_3、NH_4^+，完成氨化过程。经沉淀后，BOD_5降至15～20mg/L的水平。

第二级为硝化曝气池，在这里进行硝化反应，因硝化反应消耗碱，因此需要投碱。

第三级为反硝化反应器，在这里还原硝酸根产生氮气，这一级应采取厌氧缺氧交替的运行方式。投加甲醇（CH_3OH）为外加碳源，也可引入原污水作为碳源。

这种系统的优点是有机物降解菌、硝化菌、反硝化菌分别在各自的反应器内生长，环境条件适宜，而且各自回流到沉淀池分离的污泥，反应速度快而且比较彻底。但处理设备多，造价高，管理不方便。

（2）**两级生物脱氮工艺** 将BOD去除和硝化两道反应过程放在同一个反应器内进行便形成了两级生物脱氮工艺，如图2-31所示。

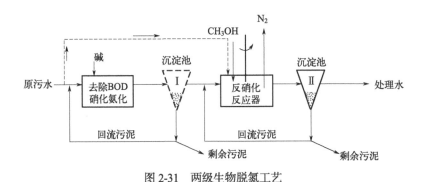

图2-31 两级生物脱氮工艺

2. A/O工艺

A/O工艺为缺氧-好氧工艺，又称前置反硝化生物脱氮工艺，是目前采用比较广泛的工艺。

当A/O脱氮系统中缺氧和好氧在两个不同的反应器内进行时为分建式A/O脱氮系统（图2-32）。

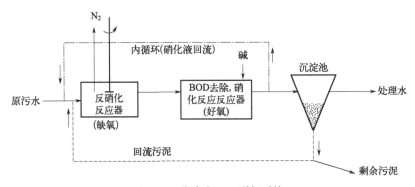

图2-32 分建式A/O脱氮系统

当A/O脱氮系统中缺氧和好氧在同一构筑物内，用隔板隔开两池时为合建式 A/O 脱氮系统（图 2-33）。

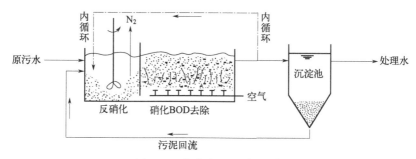

图 2-33　合建式 A/O 脱氮系统

A/O 工艺的特点如下。

① 无须加入甲醇和平衡碱度。

② 工艺并不复杂，运行管理简单，设计和建造也较为简单，节省占地面积。

③ 硝化液回流这一过程可以给缺氧池内补充一些有机物，这些有机物具有易生物降解的共性，因此可以有效保障脱氮的生化条件。

④ 将缺氧池设置在好氧池之前，可以使好氧池更充分地去除残留的有机物，优化出水水质。

3. 亚硝化（SHARON）工艺

SHARON 工艺是一种新型的生物脱氮技术，由荷兰 Delft 技术大学开发。这一技术的核心就是利用亚硝酸盐氧化菌和氨氧化菌生长速率不同的特点，氨氧化菌充分留存，而亚硝酸盐氧化菌被自然淘汰，这是由于氨氧化菌的最小停留时间大于亚硝酸氧化菌，这一反应可以有效地保证亚硝酸盐积累的稳定性。亚硝化脱氮反应的生化反应式如下：

$$NH_4^+ + HCO_3^- + 0.75O_2 \xrightarrow{微生物} 0.5NH_4^+ + 0.5NO_2^- + CO_2\uparrow + 1.5H_2O$$

亚硝化脱氮反应的反应过程为首先在有氧条件下，通过亚硝化细菌将氨氮氧化成 NO_2^-，再将有氧条件转换为无氧条件，这时亚硝酸盐会反硝化，生成氮气，这一过程是以有机物为电子供体。

4. 厌氧氨氧化工艺

厌氧氨氧化（ANAMMOX）工艺就是在厌氧条件下，微生物直接以 NH_4^+ 为电子供体，以 NO_2^- 为电子受体，将 NH_4^+ 或 NO_2^- 转变成 N_2 的生物氧化过程，其反应式为：

$$NH_4^+ + NO_2^- \longrightarrow N_2 \uparrow + 2H_2O$$

由于 NO_2^- 是一个关键的电子受体，所以 ANAMMOX 工艺也划归为亚硝酸型生物脱氮技术。这一技术使用自养菌来进行厌氧氨氧化，这样就不需要另外加入 COD 来参与反硝化作用，节省了碳源。这一技术还能够节省供氧量和耗碱量，因为前置的硝化过程可以与厌氧氨氧化过程结合，这样硝化过程只需要将部分 NH_4^+ 氧化为 NO_2^--N，大大节省了后续的过程消耗。

SHARON-ANAMMOX（亚硝化-厌氧氨氧化）工艺被用于处理厌氧硝化污泥分离液并首次应用于荷兰鹿特丹的污水处理厂。由于剩余污泥浓缩后再进行厌氧消化，污泥分离液中的氨浓度很高（1200～2000mg/L），因此，该污水处理厂采用了 SHARON-ANAMMOX 工艺，并取得了良好的氨氮去除效果。厌氧氨氧化反应通常对外界条件（pH 值、温度、溶解氧等）的要求比较苛刻，但这种反应节省了传统生物反硝化的碳源和氨氮氧化对氧气的消耗，因此对其研究和工艺的开发具有可持续发展的意义。

5. 生物膜内自养脱氮工艺（CANON）

生物膜内自养脱氮工艺就是在生物膜系统内部可以发生亚硝化，若系统供氧不足则膜内部厌氧氨氧化也能同时发生，那么生物膜内一体化的完全自养脱氮工艺便可能实现。在实践中，这种一体化的自养脱氮现象确实已经在一些工程或实验中被观察到，其工艺原理如图 2-34 所示。

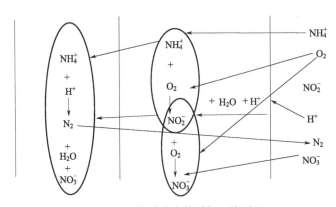

图 2-34　生物膜内自养脱氮工艺原理

（二）生物除磷工艺

1. A/O 工艺

A/O 工艺系统的构成如图 2-35 所示，一般分为厌氧池、好氧池和沉淀池三个部分，污水和污泥依次会经过厌氧池和好氧池，并循环流动，这种循环的意义在于回收的污泥经过厌氧池时可以吸收一部分有机物并释放出大量磷，而富磷污泥又会被排除，以此来完成磷的去除。

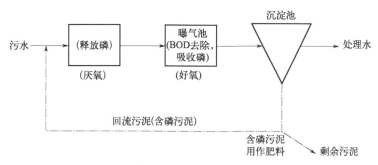

图 2-35　A/O 工艺流程

A/O 工艺具有以下优点。

① 好氧池相比于厌氧池的位置靠后，可以有效地抑制丝状菌的生长，防止污泥膨胀，还能够使聚磷菌选择性增殖，增加污泥中的含磷量。

② 工作流程简单便捷，不使用化学药剂，投入减少。

③ 结构简单，设计和建造成本较低，运行和管理费用也较低。

A/O 工艺有两方面的不足，一方面是该工艺的污泥停留时间较短，一般在厌氧区停留时间为 0.5～1.0h，好氧区停留时间为 1.5～2.5h，混合液悬浮固体浓度（MLSS）为 2000～4000mg/L，泥龄和停留时间短会造成回流污泥无法携带硝酸盐回到厌氧区，系统会因此得不到硝化，使得系统的运行负荷较高；还有一方面是 A/O 工艺的除磷过程主要依靠排泥来实现，这就导致系统除磷效果受环境和系统本身运行情况的影响比较大，因此 A/O 工艺的除磷效率低，且很难有效提高，在处理城市污水时除磷效率一般稳定在 75% 左右。除磷效率低的另一个原因是，当污水中的易降解的有机物含量较低时会影响聚磷菌作用效果，从而导致在好氧区进行处理时对磷的摄取能力降低。

2. Phostrip 工艺

Phostrip 工艺在 1965 年被发明，这种工艺通过将生物除磷和化学除磷相结合来增强除磷效果，与 A/O 工艺相比较 Phostrip 工艺更能适应进水水质的波动变化，因为 Phostrip 工艺除磷效果更强，回流污泥中磷含量较低，对进水 P/BOD 没有特殊限制，也就对进水水质的要求较低。Phostrip 工艺中的磷是以沉淀形式去除的，因此排泥过程的除磷要求比较简单，更方便操作。Phostrip 工艺在污泥的分流管线上增设一个脱磷池和化学沉淀池，结构如图 2-36 所示，含磷污水首先进入曝气池，在好氧状态下，磷被摄取，同时去除 BOD_5 和 COD。下一步，含磷污泥和脱磷水进入沉淀池，并初步分离，脱磷水被排出，含磷污泥回流，一部分回流至厌氧区，一部分回流至曝气池。厌氧区会形成富磷上清液，上清液流入沉淀池并和石灰反应形成 $Ca_3(PO_4)_2$ 沉淀，最终被排放出去。Phostrip 工艺还比较适合于对现有工艺的改造。

该工艺优点：①易于与现有设施结合及改造；②操作灵活，适应性强；③除磷性能不受进水有机物浓度限制；④加药量比采用化学沉淀法小很多；⑤出水磷酸盐浓度可稳定小于 1mg/L。

该工艺缺点：①需要投加化学药剂；②混合液需保持较高 DO 浓度，以防止磷在二沉池中释放；③需附加池体用于磷的解吸；④如使用石灰可能存在结垢问题。

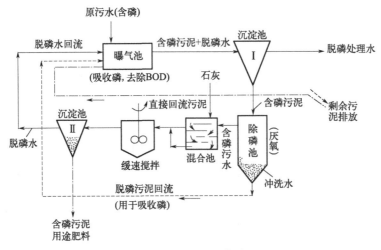

图 2-36 Phostrip 工艺流程

3. Phoredox 工艺

Phoredox 工艺的工作流程较为复杂，如图 2-37 所示。厌氧池的作用是使废水中的磷更充分地释放，从而才能使磷在好氧池中被更完全地吸收。Phoredox 工艺实际上是两级 A/O[(AP/AN/O) 和 (AN/O)] 工艺的结合，因此脱氮效果会更好，回流污泥的硝酸盐含量减少，在回流后不会对除磷工艺产生影响。

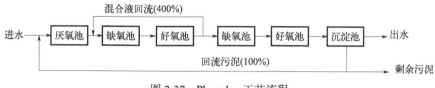

图 2-37 Phoredox 工艺流程

4. A-A-O 工艺

A-A-O 工艺，即 A2-O 工艺，按实质意义来说，本工艺为厌氧 - 缺氧 - 好氧工艺。其工艺流程如图 2-38 所示。A-A-O 工艺的优点是：①厌氧区和好氧区交替运行，抑制了丝状真菌的生长，有效解决了污泥膨胀的问题；②除磷效果好，且大部分磷物质都存在于污泥中，使污泥能够有效地二次利用；③不需要外加药剂或其他原料除磷，节约了除磷成本；④工艺简单，运行方便。A-A-O 工艺也存在一些不足之处：①除磷效率和脱氮效率比较固定，难以进行提高；②要控制处理水的氧浓度，含氧量过高会对缺氧反应器产生干扰，含氧量过低容易造成厌氧状态不利于污泥中磷的释放。

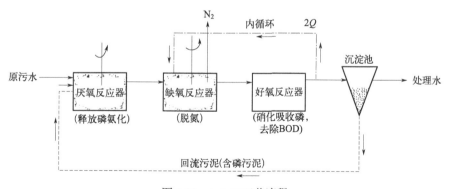

图 2-38 A-A-O 工艺流程

5. UCT 工艺

在 A2/O 工艺中回流污泥含有的 NO_3-N 会影响厌氧段磷的释放，使磷的去除率和脱氮效果难以进一步提高，为解决这一问题，提高脱氮除磷效率，南非开普敦大学提出的一种新的脱氮除磷工艺，即 UCT（University of Cape Town）工艺，UCT 工艺是对 A2/O 工艺的改进，其工艺流程如图 2-39 所示。UCT 工艺主要经历了厌氧、缺氧、好氧和沉淀四个阶段，与 A2/O 工艺不同，UCT 工艺的回流污泥会进入缺氧池进行反硝化脱氮，NO_3-N 带来的问题得到解决，缺氧池流出的混合液再进入厌氧池参与除磷，这时的混合液中硝酸盐含量很低，不会再对厌氧池的聚磷菌释放磷产生干扰，因此除磷效果大幅度提升，该工艺对氮和磷的去除率都大于 70%。UCT 工艺与 A2/O 工艺相比，脱氮除磷效果更好且厌氧反应器不再受高回流污泥的硝酸盐影响，运行负荷减小，但是因为回流污泥不是直接进入厌氧池，而是增加了缺氧池至厌氧池的回流，所以操作运行的过程更加复杂，运行和管理成本相应增加。

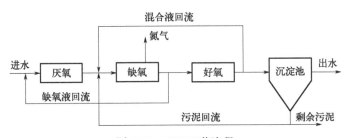

图 2-39　UCT 工艺流程

UCT 工艺的运行会受到很多因素的影响，因此在实际运行过程中要注意控制以下因素，才能有效提高脱氮除磷效率。

① 厌氧区段是磷充分释放的过程，但是停留时间并非越长越好，只有在有效释放过程中，磷的释放量与有机物的转化量之间才会有较好的相关性，一旦超过有效释放时间，无效释放就会开始。在无效释放的情况下平均厌氧释放 1mgP，所产生的好氧吸磷能力将降至 1mgP 以下，因此停留时间过长会影响在好氧区段对磷的吸收。一般厌氧区水力停留时间要控制在 1～1.5h。

② 溶解氧的含量对于除磷过程也有一定的影响。好氧区段溶解氧含量过低会使好氧阶段磷的吸收不充分；厌氧阶段要降低溶解氧的含量，才能使磷充分

释放，要将溶解氧控制在 0.2mg/L 以下；出水口的溶解氧含量过低容易造成二次沉淀池，会使磷二次释放，影响出水质量。

③ 进水的有机物含量过低会无法到达 UCT 工艺的处理要求，导致除磷效果不理想，同时还会使负荷的冲击过大，一般污泥负荷（F/M）应该控制在 0.1～0.18kgBOD$_5$/（kgMLVSS·d）。

④ 温度的控制。工艺过程中水温的高低会直接影响硝化菌的作用，一般温度应控制在 12～35℃之间。在低温时硝化效果会不理想，通常需要适当增加泥龄，但是泥龄的增加又会影响出水总磷（TP），所以要合理控制泥龄并提高生物池污泥浓度。这样就能在维持硝化的同时不影响除磷。

⑤ 废水的 pH 值降低会影响细菌的细胞结构，导致聚磷菌无法正常作用，从而影响厌氧区磷的释放，降低整体的除磷效果。因此在工艺的运行管理中要注意控制进水的 pH 值，一要保证进水 pH 值不能过高或过低；二要保证进水 pH 值的稳定性，频繁变化的 pH 值还会影响设备的运转，给设备造成负担。

⑥ 要注意控制进水的停留时间，停留时间过长会导致磷的二次释放，二次释放的磷会进入浓缩和脱水的上清液中，上清液会在系统中循环，造成系统中的磷不断富集，影响出水质量。

⑦ 当污水的初始含磷浓度较高时可以增加初沉池来提高除磷效果，或加入化学除磷手段。

⑧ UCT 工艺的脱氮除磷主要依靠聚磷菌和硝化菌两种微生物的交替作用，因此泥龄的控制也十分重要，适当的泥龄可以平衡聚磷菌和硝化菌的作用效果，使脱氮除磷的效果达到最好。聚磷菌的世代时间是 3d，硝化菌的世代时间是 30d，为平衡聚磷菌和硝化菌在泥龄上存在的矛盾，泥龄一般要控制在 8～20d。

6. 巴颠甫（Bardenpho）工艺

本工艺是以高效率同步脱氮、除磷为目的而开发的一项技术，可称其为 A^2/O^2 工艺。其工艺流程如图 2-40 所示。在系统中各种反应都发生了两次或以上；每个环节的功能开发都达到了最大化，因此本工艺脱氮、除磷效果好，脱氮率达 90%～95%，除磷率 97% 以上。

本工艺的缺点是：工艺复杂，反应器单元多，运行烦琐，成本高。

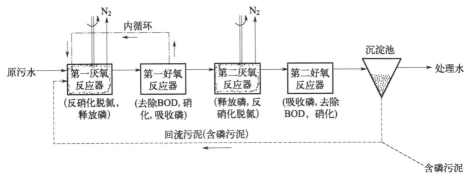

图 2-40　巴颠甫工艺流程图

7. 生物转盘同步脱氮除磷工艺

在生物转盘系统中补建某些辅助设备后，也可以有脱氮除磷功能，其流程如图 2-41 所示。污水初次沉淀池处理后，依次经过四级生物转盘，前两级生物转盘为了降低污水中的 BOD 值，后两级生物转盘以硝化反应为主，形成含有亚硝酸氮和硝酸氮的污水，污水进入厌氧区转盘，开始进行反硝化反应，将污水中的氮以气体形式释放出来，这一过程需要碳源的补充，因此会向厌氧转盘中投放甲醇，甲醇的作用会使 BOD 值有所回升。之后增加一级好氧区转盘，二次调整污水中的 BOD 值，污水经过一系列脱氮处理后会进入二次沉淀池完成磷的释放与沉淀，并将磷以污泥的形式排出。

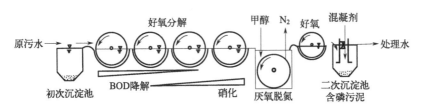

图 2-41　生物转盘同步脱氮除磷工艺流程图

8. 厌氧-氧化沟工艺

厌氧池和氧化沟结合为一体的工艺（图 2-42），在空间顺序上创造厌氧、缺氧、好氧的过程，以达到在单池中同时生物脱氮除磷的目的。

氧化沟工艺的设计运行参数：污泥保留时间（SRT）为 20～30d；混合液悬浮固体浓度（MLSS）为 2000～4000mg/L；总水力停留时间（HRT）为

18~30h；回流污泥占进水平均流量的50%~100%。

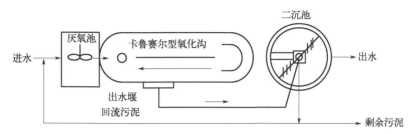

图2-42 厌氧-氧化沟工艺流程

9. A2N-SBR双污泥脱氮除磷系统

基于缺氧吸磷的理论而开发的A2N（Anaerobic Anoxic Nitrification）-SBR连续流反硝化除磷脱氮工艺，是采用生物膜法和活性污泥法相结合的双污泥系统（图2-43）。传统生物除磷工艺中除磷菌和硝化菌都在同一个系统环境中生存，但这两种微生物存在着一定的竞争关系，因此传统生物除磷工艺在除磷菌和硝化菌的生长平衡上一直存在着一定的问题，这一问题限制了脱氮除磷效率的提升。A2N-SBR双污泥脱氮除磷系统中反硝化除磷菌在一个反应器中悬浮生长，而硝化菌在另一个反应器中固着生长在生物膜上，两种微生物实现了分离，彼此互不影响，提高了A2N-SBR双污泥脱氮除磷系统的效率和稳定性。A2N-SBR双污泥脱氮除磷工艺节省曝气和回流所耗费的能量，而且做到了"一碳两用"及不同微生物分开培养，还降低了污泥的产量，节省能耗。A2N工艺最适合碳氮比较低的情形，颇受污水处理行业的重视。

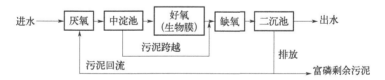

图2-43 A2N-SBR双污泥脱氮除磷系统流程

10. AOA-SBR脱氮除磷工艺

AOA-SBR工艺是将厌氧/好氧/缺氧（以下简称AOA）工艺与SBR工艺

相结合，使污水和污泥不需要在好氧池和缺氧池之间循环，而是在单一系统中能够同时去除，反硝化聚磷菌（DPB）能够在缺氧环境下，进行无碳源的脱氮除磷反应，AOA-SBR 工艺就是充分利用了这一特点使反硝化过程在缺氧段进行并无需提供碳源。在 A/O-SBR 工艺和 AAO 工艺中，DPB 占总聚磷菌的比例分别是 13% 和 21%，但是在 AOA-SBR 工艺中 DPB 占总聚磷菌的比例却能高达 44%，实现了 DPB 的有效富集，AOA-SBR 工艺具有以下两个特点：①可以在好氧阶段加入适量的碳源抑制磷的吸收；②亚硝酸盐可以作为吸磷的电子受体存在于 AOA-SBR 工艺流程中。

第四节　自然生物净化技术

一、人工湿地处理技术

人工湿地处理技术是一种生态治污技术，利用土壤和填料（如卵石等）混合组成填料床，污水可以在床体的填料缝隙中曲折地流动，或在床体表面流动的洼地中，利用自然生态系统中物理、化学和生物的共同作用来实现对污水的净化。可处理多种工业废水，后又推广应用于雨水处理，可以形成一个独特的动植物生态环境。

人工湿地系统通过物理、化学、生物的综合作用过程将水中可沉降固体、胶体物质、BOD、氮、磷、重金属、硫化物、难降解有机物、细菌和病毒等去除，显示了强大的多方面净化能力。其对有机物、氮、磷和重金属的去除过程如下。

（一）有机物的去除与转化

湿地靠微生物去除有机物。微生物在土壤表面富集并形成稳定的生物膜系统，当污水流经地表生物膜时，会在生物膜上微生物的作用下实现转化。有机物分为可溶性和不溶性两种，可溶性有机物一般会被微生物吸收并代谢掉，不溶性的有机物会在土壤中沉淀并被微生物利用。

（二）氮的去除与转化

人工湿地对氮的去除作用包括被有机基质吸附、过滤和沉积，生物同化还原成氨及氨的挥发，植物吸收和微生物硝化和反硝化作用。反硝化所产生的氮气通过底泥的扩散或植物导气组织的运输最终散逸到大气中去。

（三）磷的去除

湿地中对磷的去除作用主要有：植物吸收磷、生物除磷、填料介质截留磷。其中，生物除磷量相对较小，大部分的磷被填料截留。

（四）重金属的去除

湿地对重金属的去除主要的作用机理是：与土壤、沉积物、颗粒和可溶性有机物结合；与氢氧化物和微生物产生的硫化物形成不溶性盐类沉淀下来；被藻类、植物和微生物吸收。

二、稳定塘处理技术

稳定塘（Stabilization Pond）是一种天然的或经过一定人工构筑（具有围堤、防渗层等）的生物处理设施。

稳定塘原称氧化塘或生物塘，是一种利用菌藻的共同作用对污水进行处理的构筑物的总称。其处理过程与自然水体的自净过程相似。通常是将土地进行适当的人工修整，建成池塘，并设置围堤和防渗层，依靠塘内生长的微生物来处理污水，如图 2-44 所示。

稳定塘按照微生物种属和相应的生化反应占优势的多少，可分为好氧塘、厌氧塘、兼性塘、曝气塘四种类型。

1. 好氧塘

好氧塘主要靠塘内的藻类生物进行光合作用完成供氧，从而进行氧化作用。藻类生物的光合作用离不开充足的光照，为了让阳光能够直射入池底，好氧塘的深度一般都不会太深，在 0.3～0.5m 之间。在藻类光合作用产生氧气和池面的风力搅动进行大气复氧的双重作用下，好氧塘能实现良好的好氧状态。

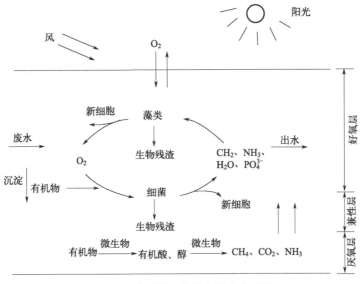

图 2-44 典型的生物稳定塘生态系统

2. 厌氧塘

厌氧塘是一种以厌氧分解为主的生物塘，一般池面面积较小且深度较深，这样的构造使塘中的耗氧量更容易超过藻类的光合作用产生的氧气和池面风力搅动所获得的氧气，进而形成厌氧分解条件。厌氧塘的水深一般在 2.5m 以上，最深可达 4~5m，水在塘中停留 20~50d。由于厌氧塘的净化速率较慢，水的停留时间长，容易产生臭味气体，但是能处理高浓度废水且污泥量少，因此常常将厌氧塘作为好氧塘的预处理塘使用。

3. 兼性塘

兼性塘的水深介于好氧塘和厌氧塘之间，一般为 1.5~2m，因此塘内环境也介于好氧塘和厌氧塘之间，在池内好氧和厌氧生化反应都能够发生。上部水层的藻类在白天可以进行光合作用产生氧气，形成好氧层，池底的污泥和微生物会发生厌氧反应，形成厌氧层，塘中部区域会形成兼性层，兼性层适用于处理城市一级沉淀或二级处理出水。

4. 曝气塘

曝气塘的形成需要依靠在氧化塘上设置机械曝气或水力曝气器，从而使水体的溶氧量在人为作用下进一步增加，能保持较好的好氧状态或兼性状态。因此曝气塘的运行费用较高且出水悬浮物浓度较高，一般要在曝气塘之后连接兼性塘来改善最终出水水质。好氧塘的深度较浅，为了维持较好的处理效果，一般池面的面积较大，但是曝气塘因为促进了池内的氧气溶解，所以占地面积较小，且有机负荷和去除率都比较高。

三、污水土地处理系统

土地处理（Land Processing System）就是通过人工干预形成稳定的污水处理生态系统，该系统包括土壤、微生物和植物，这三者彼此协调完成污水的净化，这种生态处理方法可以将水中的营养物质和水分进行循环利用，使污水成为一种稳定、无害的生态资源。研究表明废水土地处理系统具有投资省、运行管理简单、可除氮脱磷、废水可回用、可替代二级处理甚至三级或深度处理的特点。

污水土地处理系统 $\begin{cases} 污水的预处理设施 \\ 污水的调节与贮存设施 \\ 污水的输送、布水及控制系统 \\ 土地净化田 \\ 净化出水的收集与利用系统 \end{cases}$

该系统一般由以下几部分组成，如图 2-45 所示。其中，土地净化田是土地处理系统的核心环节。

图 2-45　污水土地处理系统的组成

（一）污水土地处理的净化机理

污水土地处理的净化机理如表 2-2 所示，主要按照净化作用分为以下五种。

表 2-2　污水土地处理的净化机理

净化作用	作用机理
物理过滤	土壤颗粒间的孔隙能截流、滤除污水中的悬浮物。土壤颗粒的大小、颗粒间孔隙的形状、大小、分布及水流通道的性质都影响物理过滤效率
物理吸附和物理沉积	在非极性分子之间范德华力的作用下，土壤中黏土矿物等能吸附土壤中的中性分子。污水中的部分重金属离子在土壤胶体表面由于阳离子交换作用而被置换、吸附并生成难溶态物，被固定于土壤矿物的晶格中
物理化学吸附	金属离子能够与土壤中的胶体发生螯合反应生成螯合化合物，某些有机物与土壤中重金属生成可吸性螯合物而固定于土壤矿物的晶格中；植物吸收能去除污水中的氮和磷

续表

净化作用	作用机理
化学反应与沉积	重金属离子能够与土壤中的某些组分反应形成难以降解的物质。通过调节土壤的pH可以产生金属氢氧化物；调节土壤的氧化还原电位可以形成硫化物沉淀
微生物的代谢作用下的有机物分解	土壤中含有的多种微生物可以降解土壤颗粒中的有机固体及溶解性有机物。即便处于厌氧条件，土中的厌氧菌仍可以对有机物进行分解，对亚硝酸盐和硝酸盐则能通过反硝化作用除去氮

（二）污水土地处理系统的类型

污水土地处理系统根据处理目标、处理对象的不同，分地表漫流（OF）、快速渗滤（RI）、慢速渗滤（SR）、地下渗滤（SWIS）、湿地系统（WL）5种工艺类型。

1. 地表漫流（OF系统）

地表漫流是将污水有控制地投配到多年生牧草、坡度缓（最佳坡度为2%～8%）和土壤透水性差（黏土或亚黏土）的坡面上，污水以薄层方式沿坡面缓慢流动，在流动过程中得到净化，其净化机理类似于固定膜生物处理法，如图2-46所示。地表漫流系统是以处理污水为主，同时可收获作物。这种工艺对预处理的要求较低，对地下水的污染较轻，地表径流收集处理水（尾水收集到坡脚的集水渠后可回用或排放水体）。

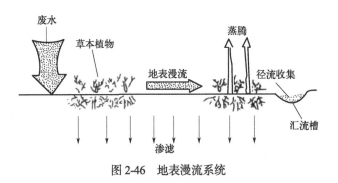

图2-46 地表漫流系统

2. 快速渗滤（RI系统）

快速渗滤是采用处理场土壤渗透性强的粗粒结构的砂壤土或砂土渗滤得名

的。废水以间歇方式投配于地面,在沿坡面流动的过程中,大部分通过土壤渗入地下,并在渗滤过程中得到净化,如图 2-47 所示。快速渗滤既可以处理污水并回收利用,这时要加设给水管道进行集水;也可以对污水净化后补充地下水资源。

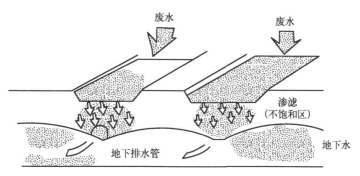

图 2-47 快速渗滤系统

3. 慢速渗滤(SR 系统)

慢速渗滤是在土壤的地表植物的作用下,将污水中的物质进行缓慢净化。因为作用过程缓慢,所以污水净化效果好,出水质量高。在慢速渗滤中,处理场的种植作物根系可以阻碍废水缓慢向下渗滤,借土壤微生物分解和作物吸收进行净化,其过程如图 2-48 所示。慢渗生态处理系统主要分布于渗水性强、气候湿润、地表水蒸发量小的地区。

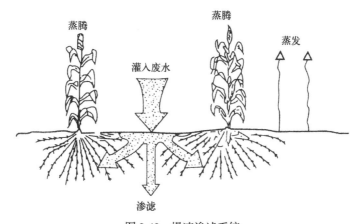

图 2-48 慢速渗滤系统

4. 地下渗滤（SWIS 系统）

地下渗滤是在距离地表有一定距离的土壤中完成的，通过土壤的浸润、渗滤作用完成废水的扩散及净化。地下渗滤要求在构造符合要求且扩散性能较好的土壤中完成，如图 2-49 所示。地下渗滤系统负荷低，停留时间长，水质净化效果非常好，而且稳定，运行管理简单，氮磷去除能力强，处理出水水质好，处理出水可回用。

地下渗滤土地处理系统以其特有的优越性，越来越多地受到人们的关注。在国外，地下渗滤系统的研究和应用日益受到重视。在国内，居住小区、旅游点、度假村、疗养院等未与城市排水系统接通的分散建筑物排出的污水的处理与回用领域中有较多的应用研究。

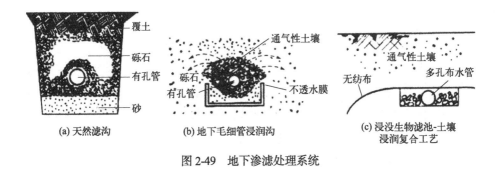

图 2-49 地下渗滤处理系统

上述四种土地渗滤系统应依据土壤性质、地形、作物种类、气候条件以及对废水的处理要求和处理水的出路而选择，必要时建立由几个系统组成的复合系统，以提高处理水水质，使之符合回用或排放要求。

（三）废水土地处理系统的规划

为了达到环境保护和可持续发展要求，设计工作者应选定工艺技术可行、经济上合理的方案，在确定之前都要进行缜密规划。为了确保处理有效和避免不必要的资金浪费或造成环境严重破坏，要广泛调查，科学论证，因此，一般采用两阶段规划，每阶段要达到相应的目的和要求（图 2-50）。

1. 第一阶段规划

此阶段收集资料并作可行性研究，同时进行废水土地处理系统技术经济评价，实现"社会、经济、环境三效益"的目标。其主要内容和步骤有：原水水质，工艺方案，环境影响，植物选择，土地承受能力与排放标准，设计并计算废水土地处理系统的土地面积、运行参数、投资造价，防治措施及预处理要求。

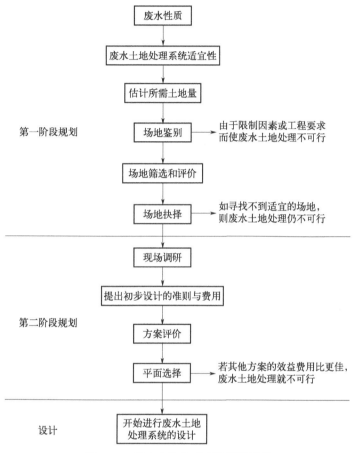

图 2-50　废水土地处理系统规划程序

2. 第二阶段规划

在第一阶段的规划前提下，再进行第二阶段的深入调查和研究，在初步设计的基础上，对比方案和效益，确定最佳工艺流程，最后设计与计算。主要内容有：现场进一步调研和勘察，选定初步设计标准和依据，工程项目技术经济评价和分析，土地处理系统的保护措施、运行管理等。

第五节 污泥处理技术

污泥的处理是废水处理中不可避免的问题。通常，城市污水处理厂所产生的污泥约占处理水体积的 0.5%～1.0%，污泥产生量较大。这些大量污染的污泥中含有大量的有机物质、寄生虫卵、病原微生物、重金属离子等，若不处理而随意堆放，将会对环境造成严重危害。

一、污泥浓缩工艺

浓缩的主要目的是减少污泥体积，这对于减轻后续处理过程（如消化、脱水、干化和焚烧等）的负担都是非常有利的。如果采用厌氧消化则可以使消化池的容积大大缩小；如果采用好氧处理或者化学稳定处理，则可以节约空气量和药剂用量。如果要进行湿式氧化或焚烧，为了提高污泥的热值，须浓缩以增加固体的含量。

污泥中的水分主要有颗粒之间的间隙水、毛细水以及污泥颗粒表面的吸附水和颗粒的内部水（包括细胞内部水）四类，如图 2-51 所示。四类水分的含义及份额如表 2-3 所示。

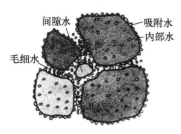

图 2-51 污泥水分示意图

表 2-3 四类水分的含义及份额

水分名称	含义	份额/%
间隙水/空隙水/自由水	存在于污泥颗粒（絮体）空隙间的游离水，并不与污泥直接结合	70
毛细结合水/毛细水	污泥颗粒间毛细管内包含的水（只有靠外力使毛细孔发生变形）	20
表面吸附水（吸附水）	吸附在固形粒子表面，能随固形粒子同时移动	10
内部水/结合水	微生物细胞内的水分	

为了降低污泥中的水分往往采取不同的措施，例如浓缩法能够降低污泥中

的间隙水，自然干化法和机械脱水法能够脱掉毛细水，焚烧法能够去除吸附水和内部水。采用不同的方法就有不同的脱水效果。

污泥浓缩存在技术界限，如活性污泥的含水率可降低至97%～98%，初次沉淀污泥（的含水率）可降至85%～90%。污泥的浓缩方法主要有三种，分别是重力浓缩、气浮浓缩和离心浓缩。这三种方法各有优缺点，需要根据实际情况做出选择，三种浓缩方法的优点和缺点，如表2-4所示。

表2-4 三种浓缩方法的优点和缺点

方法	优点	缺点
重力浓缩	贮存污泥的能力高，操作要求不高。运行费用低（尤其是耗电少），系统简单，易于管理	占用场地大，浓缩过程中会产生臭气，此方法对某些污泥作用不稳定且经浓缩后的污泥十分稀薄
气浮浓缩	此方法相对密度力浓缩效果好，占用土地面积小，污泥含水率低，能很好地去除油脂，能够避免沙砾混入泥中，产生的臭气量少	运行费用较重力浓缩法高，占地比离心浓缩法大，污泥贮存能力小，系统复杂，管理麻烦
离心浓缩	使用方便，占地面积小，处理量大，产生的臭气量少	此方法需要专用的离心机，耗电较大，对操作人员的技术要求较高

二、污泥消化、干化与脱水处置

（一）污泥消化

1. 污泥厌氧消化

（1）厌氧消化的原理　所谓厌氧消化指的是污泥中的有机成分在无氧的条件下和厌氧细菌发生作用，最终厌氧细菌将有机物质分解为甲烷和二氧化碳。这种污水处理方法较为经济，也是国际上常用的污泥处理方式之一。

厌氧消化主要分为以下三个阶段。

第一阶段，污泥中的蛋白质、脂肪和碳水化合物等有机物质通过水解和发酵转化为氨基酸、单糖、甘油和二氧化碳等。这一阶段主要有细菌、原生动物和真菌参与了反应，故它们又被称为水解和发酵细菌。

第二阶段，产氢产乙酸菌将第一阶段产生的氨基酸、单糖、甘油和二氧化碳转化为氢、二氧化碳和乙酸。这一阶段主要参与反应的微生物为产氢产乙酸菌和同型产乙酸菌。

第三阶段，上一阶段产生的氢和二氧化碳在两组性质不同的产甲烷菌的作用下转化为甲烷或对乙酸脱羧产生甲烷发酵阶段，脂肪酸在产甲烷菌的作用下转化为 CH_4 和 CO_2。

（2）影响厌氧消化的因素　甲烷的发酵阶段是厌氧消化的中心环节，影响厌氧消化的因素如下。

① 温度　不同的甲烷菌适合生存的温度也不同，要根据甲烷菌的类型调整温度，中温甲烷菌一般适宜 30～36℃ 的环境，高温甲烷菌一般适宜 50～53℃ 的环境。随两区间的温度上升，消化速度却下降。温度还影响消化的有机负荷、产气量和消化时间。

② 生物固体停留时间（污泥龄）与负荷　有机物降解程度是污泥泥龄的函数，而不是进水有机物的函数。消化池的容积设计应按有机负荷、污泥泥龄和消化时间来设计。

③ 搅拌和混合　厌氧消化依靠酶的作用，因此在反应过程中要充分搅拌，使细菌体的内酶、外酶与底物充分接触，这样才能彻底反应。一般可以使用混合搅拌法、泵加水射器搅拌法和消化气循环搅拌法进行搅拌。

④ 营养和 C/N（碳氮比）　微生物的生长所需要的营养物质由污泥提供。相关研究表明 C/N 在（10～20）：1 可保证正常的消化，如果 C/N 过高，氮源不足，pH 值容易下降；如果 C/N 过低，铵盐积累，抑制消化。

⑤ 氮平衡　在污泥厌氧消化的过程中，氮的守恒和转化十分重要，因此要注重保持整个厌氧消化系统中的氮平衡。

⑥ 有毒物质　有毒物质对消化菌有着强烈的影响。

（3）厌氧消化的运行方式　消化池的运行方式主要有一级消化、多级消化（常用二级消化）和厌氧接触消化三种。

① 一级消化　一级消化是指一般消化，常常是将几个同样的消化池并联起来，每个消化池各自单独完成全部的消化过程。其工艺特点为：采用新鲜污泥在投配池内预热和消化池内蒸汽直接加热相结合的方法加热污泥，以池内预热为主。采用沼气循环搅拌方式进行消化池搅拌。消化池产生的沼气供锅炉燃烧，锅炉产生蒸汽除用于消化池加热外，并入车间热网供生活用气。

② 二级消化　由于污泥中消化有机物分解程度为 45%～55%，消化后不

够稳定,并且熟污泥的含水率较新鲜污泥高,增大了后续处理的负荷。将消化过程进行分解可以有效地解决上述问题,先对污泥进行初步消化,再利用余热进行二次消化充分分解其中的有机物,以上过程称为二级消化。二级消化是分别在不同的池子中完成的,第一级消化需要 7～10d,基本设备有集气罩、加热搅拌设备;第二级消化利用第一级消化的余热进行,所以不需要二次加热和搅拌,第二级消化的温度为 20～26℃。二级消化池的总容积大致等于一级消化池的容积,两级各占 1/2,加热所需的热量及电耗都较省。

③厌氧接触消化 由于消化时间受甲烷细菌分解消化速度控制,因此如果用回流熟污泥的方法,可以增加消化池中甲烷细菌的数量和停留时间,相对降低挥发物和细菌数的比值,从而加快分解速度,这种运行方式叫作厌氧接触消化。厌氧接触消化系统中设有污泥均衡池、真空脱气器和熟污泥的回流设备。回流量为投配污泥量的 1～3 倍。采用这种方式运行,由于消化池中甲烷菌的数量增加,有机物的分解速度增大,消化时间可以缩短 12～24h。

2. 污泥好氧消化

污泥厌氧消化运行管理要求高,消化池需密闭,池容大,池数多,因此污泥量不大时可采用好氧消化,即在不投加其他底物条件下,对污泥进行较长时间曝气,使污泥中的微生物处于内源呼吸阶段进行自身氧化。但由于好氧消化需投加曝气设备,能耗大,因此多用于小型污水处理厂。

好氧消化池在构造上和完全混合式活性污泥曝气池的构造十分类似。好氧消化池的主要部分为:①消化室,消化室的主要作用是进行污泥消化。②污泥分离室,污泥分离室的作用是回流污泥沉淀并排出上清液。③消化污泥排出管,是污泥排出的通道。④曝气系统,曝气系统由压缩空气管与中心导流筒组成,提供氧气并对污泥进行搅拌。

(二)污泥干化

沉砂池沉渣的自然干化主要在晒砂场进行;其他类型的污泥干化大部分在干化场,干化可以降低污泥的含水率,缩小污泥的体积。

1. 晒砂场

沉砂池沉渣经重力或提升排至晒砂场,进行干化,干化产生的水经砾石滤水层流进排水管，并由排水管集中回流进沉砂池前进行污水处理。晒砂场一般为矩形，底板为混凝土。

2. 干化场

干化场有自然滤层干化场与人工滤层干化场两种，腐殖污泥、化学污泥、消化污泥、初次沉淀污泥等一般都会在干化场进行干化。自然滤层干化场主要是利用自然土壤的渗透和过滤作用完成干化，因此只能在部分土壤环境适宜的地区使用。人工滤层干化场构造如图 2-52 所示，依靠人工建设的滤层进行过滤和干化。不透水底板、隔墙及围堤是人工滤层干化场的基础设施，不透水底板的材料有黏土、三七灰土或素混凝土，厚度根据材料的不同也不尽相同，地板

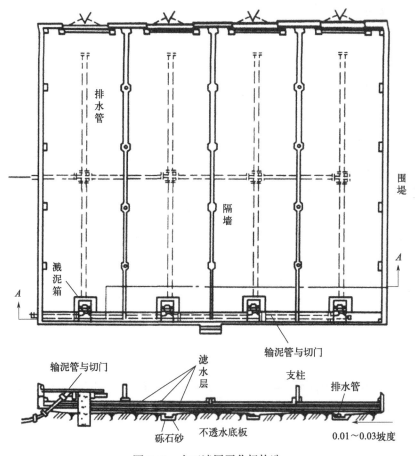

图 2-52 人工滤层干化场构造

一般不是水平的而是有一定的坡度，方便水的回收；隔墙与围堤用来分隔干化场，使场地能够交替有效地使用。人工滤层干化场还要依靠排水系统、滤水层和输泥管来完成干化流程，排水管道系统一般用陶土管或盲沟，同样有一定的坡度，滤水层分为上下两层，上层一般是细矿渣或砂，下层为粗矿渣或砾石。如果是盖式的人工滤层干化场，还要加设支柱和顶盖。当地的雨水情况和湿度、风速、温度等气候情况以及污泥的性质都会影响干化场的效果。

3. 强化自然干化

在传统的污泥干化床中，污泥在干化过程中基本处于静止堆积状态，当表面的污泥干化后，其所形成的干化层在下层污泥上形成一个"壳盖"，严重影响了下层污泥的脱水，是干化床蒸发速率低的主要原因。

针对上述问题，强化自然干化技术采取对污泥干化层周期性地翻倒（机械搅动），不断地破坏表层"壳盖"，使表层污泥保持较高的含水率，从而得到较好的脱水效果。实际操作中，在污泥层平均厚度 40cm、污泥含水率为 76% 的条件下，以 45d 为平均周期，强化自然干化可使污泥干化后的含水率降至 35% 左右。

（三）污泥脱水

浓缩后的污泥仍保持流动性，其含水率一般在 96% 左右，体积仍然较大，堆放、运输或再利用仍有诸多不便。因此必须采取进一步的脱水措施，使其中的固体部分得到富集，进一步减少污泥体积。经过脱水的污泥含水率一般为 60%~85%。脱水后的污泥需进一步干燥处理，以去除其中绝大部分的毛细水。污泥干燥处理后含水量会大大降低，一般低于 30%，污泥焚烧可以进一步去除污泥中的水，使含水率降为 0，甚至可破坏全部有毒、有害有机物，杀灭所有病原微生物，并最大限度地减少污泥体积。

污泥脱水方法较多，一般分为自然干化脱水、机械脱水和烘干等几大类。

1. 污泥的自然干化脱水

为了方便操作，工程上有时会采用污泥干化床对污泥进行自然干化脱水。污泥干化床也称为污泥干化场或者晒泥场。含水较高的污泥在场地上平铺开来形成污泥薄层，由于自然蒸发和渗透，最后变成干燥的污泥，这时污泥的体积减小，失去了流动性。经过自然脱水后污泥的含水率降至65%~75%。

2. 污泥的机械脱水

机械脱水是目前世界各国普遍采用的污泥脱水方法。脱水机械主要有板框压滤机、带式压滤机和离心过滤机等。

（四）污泥处置

经处理后的污泥最终的处置方式有农田绿地利用、建筑材料利用和污泥填埋处置等。

1. 农田绿地利用

污泥中往往含有农作物所需的养分，而且污泥能够保持土壤的肥分，因此，将污泥作为田间肥料是污泥的最佳处置方法。需要指出的是：污泥中同样有危害农作物生长的病菌、寄生虫卵以及重金属离子。所以在将污泥作为肥料前要先进行稳定化处理或堆肥熟化处理，以达到去除病菌和寄生虫卵的作用。同时要保证污泥中的重金属离子的含量符合使用标准。近年来，各个国家越来越重视污泥在作为肥料使用时的安全性，不但对污泥无害化的要求越来越高，还要求严格控制单位面积污泥的使用量，这在一定程度上限制了污泥肥料化的进程。

没有经过消化处理的脱水泥饼用于土地施肥时，因为污泥中含有较多的有机物，所以很容易发生腐化，同时由于其高的含水率（70%~80%），非常不利于施肥操作，通常需要将泥饼在野外进行长期堆放以达到熟化，再用以施肥。污泥经过焚烧，其灰烬中含有大量的无机物质，如磷、镁和铁，这是植物必需的无机肥料，但是在施肥时灰烬容易飞舞，故常采用湿法施肥。

2. 建筑材料利用

重金属和有害物质含量较高的工业废水中的污泥不能作为肥料使用，为了实现废物利用,可以将污泥无机化处理后作为建材使用。污泥作为建材一般有两种方式,一种是制作红砖,通常可以将干污泥进行一系列的成分调整后直接制成砖,或者将污泥焚烧,焚烧后的灰再加入适量的黏土和硅砂进行制砖。还有一种是将污泥制作成生化纤维板,通常是将污泥中的有机物与蛋白酶在碱性溶液中加热,污泥中的蛋白质成分能够溶解于稀碱,加热溶解后再进行干燥、施压,污泥的性质会发生变化,就可以制作成活性污泥树脂,再和废纤维一起压制成板材。

但是污泥在无机化过程中会产生有毒的气体,而且会消耗一定的电能,因此在考虑将污泥作为建筑材料时必须权衡利弊,同时还要考虑污泥无机化过程带来的气体。

3. 污泥填埋处置

污泥需要填埋处理时,需对污泥进行无害化处理,同时还要对填埋场地进行改造。

污泥的填埋有两种方式:一是填陆地;二是填海。污泥可以单独填埋,也可以与其他废弃物一起填埋。填埋场地设计目标年限一般为 10 年以上。

污泥填地的要求如下。

① 必须设立醒目的标识,还要设立栏杆围起来。

② 填埋场附近的废水必须经常处理,以免高浓度的有机废水造成地下水源和地表水源的污染。

③ 防止臭味的扩散,同时还要避免蚊蝇的大量聚集和繁殖以及鼠类大量繁殖。

④ 若灰烬的挥发分小于 15%,可以采用不分层的填埋方式。

⑤ 没有经过焚烧的污泥,通常要分层填埋。对生污泥进行填埋时,污泥层和砂土层的厚度各为 0.5m,且生污泥的厚度最高不超过 0.5m,这样的交替填埋能够避免污泥的全面腐败。除此之外,在污泥填埋场附近设立通风装置。

污泥填海时必须遵从以下方案。

① 设立护堤,不能使污泥污染到海水,渗水必须收集处理。

② 填海的生污泥、焚烧污泥中含有一定的重金属离子,在填海之前一定要保证污泥的重金属离子不超标。

第六节　污水回收技术

一、生活污水处理与回用

生活污水是人类在日常生活中使用过的，并被生活废料所污染的水的总称。

利用各种设施、设备和工艺技术，将污水中含有的污染物质从水中分离出去，把有害的物质转化为无害、有用的物质，让水质得到净化的这一过程，就是生活污水处理技术，使用这一技术的目的就是使资源得到充分利用。

生活污水处理一般分为三级：一级处理，是应用物理处理法去除污水中的悬浮物并适度减轻污水腐化程度；二级处理，是污水经一级处理后，应用生物处理法将污水中各种复杂的有机物氧化降解为简单的物质；三级处理，是污水经过二级处理后，应用化学沉淀法、生物化学法、物理化学法等，去除污水中的磷、氮以及难降解的有机物、无机盐等。

目前国内常见的生活污水处理工艺主要以活性污泥法为核心，如图2-53所示。

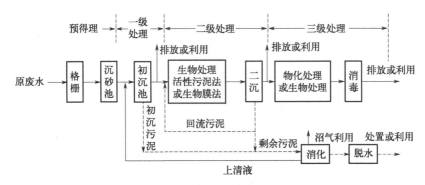

图2-53　生活污水处理工艺流程

膜分离技术可应用在城市生活污水处理。用膜法处理高层建筑生活废水，回收率高，回收的水用作厕所冲刷和冷却塔补充水，还可以用反渗透回收高层建筑生活废水。如图2-54所示为大型建筑排水处理的工艺流程。

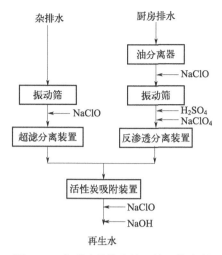

图 2-54 大型建筑排水处理的工艺流程

二、轻工业废水的处理与回用

（一）造纸废水的处理及利用

1. 废水治理利用技术

比如在筛洗工序的洗涤水、漂白车间洗浆机中流出的滤出液、造纸机中流出的白水，这些生产过程中产生的比较清洁的废水，都还可以回收再利用。逆流洗涤、废水利用与封闭用水是废水回收利用的主要途径。

有一种简单的物理方法，就是通过分离污水中的悬浮物或胶体微粒，来达到净化污水或者是达到污水中的污染物减少至最低限度的目的。还有一种生物化学法，就是通过中和调整 pH 值，让水中溶解的污染物转化成无害的物质，或者转化成容易分离的物质，达到净化水质的目的。如果对净化水源的要求提高时，也可以使用与物理化学结合的方法进行净化。

造纸机端口处排出的白水，里面含有大量的纤维，这样的白水还具有可回收利用的价值。比如用来稀释纸浆，让纤维、填料、胶料和水得到充分利用。除此之外，还有一些含有少量纤维的废水，这些可供打浆工序使用，或可通过固液分离法加以处理。这样做不仅可以回收浆料，还能够有效净化废水，以备重新使用或者排放。我们还可以对白水进行其他手段的处理利用，比如可以采用混凝沉淀、气浮、筛孔过滤、离心分离等方法。

(1) **洗涤－筛浆系统封闭循环用水** 如图 2-55 所示，采用水封闭循环可节约用水，减少化学品和纤维的流失，减少排污量。为不给其前后工序（洗涤与漂白）增加负担，在采用封闭用水的同时，必须考虑增强洗浆能力。

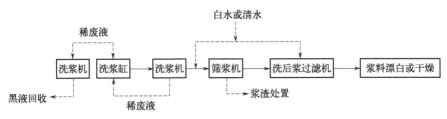

图 2-55　洗涤-筛浆系统封闭循环流程

(2) **漂白工段的封闭用水** 只有经过多种漂白剂的多时段的漂白，才能得到高白度的纸浆。以下是漂白工艺中的符号解析，其中 C 表示氯化，漂白剂是氯气；E 为碱抽提，药剂是 NaOH；H 为次氯酸盐；D 为二氧化氯漂白；O 为氧气漂白。漂白的过程中，氯化段与第一碱抽提段（即 C 与 E_1）的污染负荷约占全过程的 50%～90%，后续过程排放的水可以回用。如图 2-56 和图 2-57 所示为两种不同的漂白废水封闭循环流程。

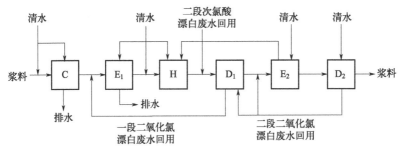

图 2-56　漂白酸碱废水分流循环流程

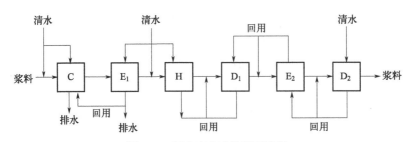

图 2-57　漂白废水逆流循环流程

（3）造纸白水的回用 有两种对造纸白水回收利用的方式。第一种是通过降低纸机白水中的悬浮物，以此达到处理白水，并用白水代替清水的作用。第二种是将白水进行封闭循环再利用。如图 2-58 和图 2-59 所示，分别为半封闭白水系统与封闭白水系统。半封闭白水系统是将网下白水坑和伏辊坑的浓白水尽量回用，供碎浆机调节用作稀释水。

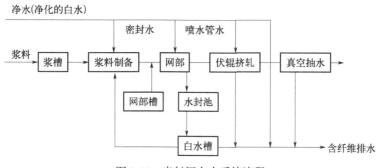

图 2-58　半封闭白水系统流程

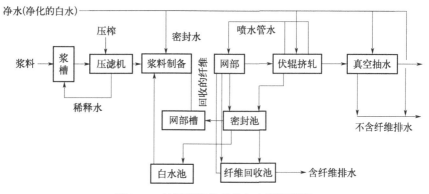

图 2-59　封闭程度较高的白水系统流程

去除白水中的悬浮物是白水回收装置的主要目的。斜筛、沉淀池或澄清池、气浮池、鼓式过滤机、多盘式回收机是几种比较常见的回收装置。

2. 膜分离法处理造纸废水

膜法处理造纸废水，是指造纸厂排放出来的亚硫酸纸浆废水，它含有很多有用物质，其中主要是木质素磺酸盐，还有糖类（甘露醇、半乳糖、木糖）等。过去多用蒸发法提取糖类，成本较高。若先用膜法处理，可以降低成本，简化工艺。其流程如图 2-60 所示。

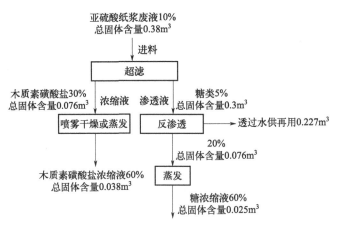

图 2-60 膜法从亚硫酸纸浆废液中浓缩回收木质素和糖类流程

(二) 印染废水的处理及利用

印染废水的常用处理技术可分为物理法、化学法和生物法三类。物理法处理技术主要有格栅、调节、沉淀、气浮、过滤、膜技术等,化学法有中和、混凝、电解、氧化、吸附、消毒等,生物法有厌氧生物法、好氧生物法、兼氧生物法。印染废水常用处理技术如表 2-5 所示。

表 2-5 印染废水常用处理技术

名称	主要构筑物、设备及化学品	处理对象
格栅与筛网	粗格栅、细筛网	悬浮物、漂浮物、织物碎屑、细纤维
中和	中和池、碱性酸性药剂投加系统;各类中和剂(硫酸、盐酸等)	pH 值
混凝沉淀(气浮)	各种类型反应池(机械搅拌反应池、隔板反应池、旋流反应池、竖流折板反应池)、加药系统、沉淀池(平流式、竖流式、辐流式)、气浮分离系统(加压溶气气浮、射流气浮、散流气浮);药剂:$FeSO_4$、$FeCl_3$、$Ca(OH)_2$、$Al_2(SO_4)_3$、聚合氯化铝(PAC)、聚丙烯酰胺(PAM)、聚合硫酸铁(PFS)	色度物质、胶体悬浮物、COD、阴离子表面活性剂(LAS)
过滤	砂滤;膜滤等过滤器(微滤、超滤、纳滤等)	细小悬浮物、大分子有机物、色度物质
氧化脱色	臭氧氧化、二氧化氯氧化、氯氧化、光催化氧化	COD、BOD_5、细菌、色度

续表

名称	主要构筑物、设备及化学品	处理对象
消毒	接触消毒池；氯气、NaClO、漂白粉、臭氧	残余色度、细菌
吸附	活性炭、硅藻土、煤渣等吸附器及再生装置	色度、BOD_5、COD
厌氧生物处理	升流式厌氧颗粒污泥床（UASB）、厌氧附着膜膨胀床（AAFEB）、厌氧流化床（AFBR）、水解酸化	BOD_5、COD、色度、NH_3-N、磷
好氧生物处理	推流曝气、氧化沟、序批式活性污泥法（SBR）、循环式活性污泥法（CAST）、吸附生物氧化法（A/B）、生物接触氧化法	BOD_5、COD、色度、NH_3-N、磷

膜分离技术在印染废水处理中的应用如下。

1. 印染废水膜法回用技术

以已有的废水处理厂为依托，根据废水处理厂的出水情况进行后续回用系统的设计，系统整体工艺流程如图 2-61 所示。采用膜集成工艺，根据进水水质，进行优化设计和充分的预处理，保证产水水质优质稳定，满足回用水质

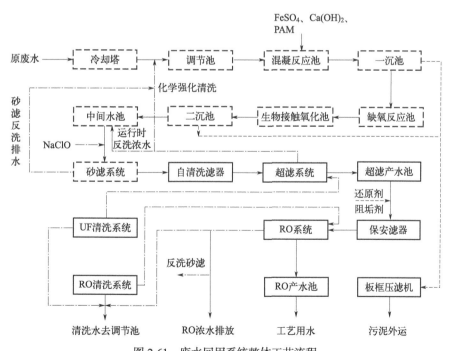

图 2-61 废水回用系统整体工艺流程

要求。系统用水合理，最大程度上做到了水的回收利用，尽可能将外排的水量减少，实现经济效益和环境效益的双赢。系统采用自动控制，可减轻操作人员工作量，同时参数控制更加精确，可及时反馈系统运行状况，保证系统稳定运行，优化清洗周期，提高净产水量的同时节约了药耗和电耗。

2. 膜处理技术在印染废水中的应用

为了达到增产而不增污或少增污的目标，解决企业用水不足的问题，某印染企业将经生化处理后的放流水，通过双膜技术处理后，作为印染车间用水。项目规模为处理量 5000m³/d，产水约 3500m³/d，总回收率控制在 70% 左右，拟采用砂滤+超滤+反渗透工艺进行处理。工艺流程如图 2-62 所示。

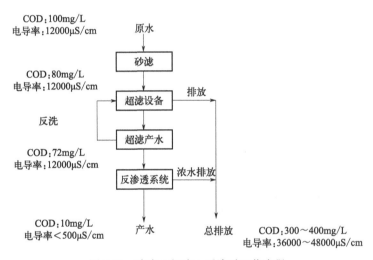

图 2-62　砂滤+超滤+反渗透工艺流程

利用膜分离技术对废水进行回用，通常出水水质都能满足使用要求，核心的问题在于膜污染的控制技术。

3. 双膜法在染料脱盐领域的工程与应用

双膜法是一种有效的工程处理手段，超滤可去除废水中的大部分浊度和有机物，减轻后续反渗透膜的污染，反渗透膜可以用 COD 脱除、脱色和脱盐。工艺流程如图 2-63 所示。该系统主要由预处理、超滤膜系统和反渗透系统三部分组成。

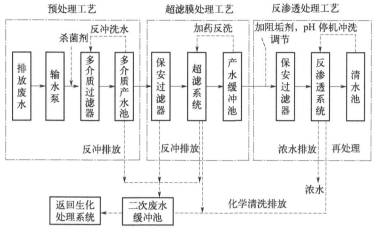

图 2-63 双膜法工艺流程

预处理采用锰砂过滤器，去除生化处理工艺中残留的相对密度较大的固体污物、部分胶体，减轻后续的处理负荷，同时能有效除铁。处理流速为 7m/h。多介质通过可编程逻辑控制器（PLC），设定反冲洗的频率和压差启动程序，自动采用其产水进行反冲洗。反冲洗水排放入废水收集池。

超滤系统主要的作用是去除水中的胶体、细菌、微生物、悬浮物等对反渗透膜造成污堵的杂质，同时截留水中的细菌，防止后级膜的细菌污染。系统的回收率高，可以达到 90% 以上。

彻底去除水中多价离子、有机物、硬度离子等，去除绝大部分溶解性离子是反渗透系统的主要目的。

第三章　　农村生活污水处理

农村生活污水整治是农村环境整治和实施乡村振兴战略的重要内容。本章依次介绍了农村生活污水的特征和来源、农村生活污水处理技术、农村生活污水处理设施运维三个方面的内容。

第一节 农村生活污水的特征和来源

在国家层面上,农村生活污水的概念长期以来并没有一个严格的定义。在开展农村生活污水治理的工作中,各地政府根据当地的实际需要给出了自己的定义,规定了哪些污水可以纳入农村生活污水的范畴。本书采纳浙江省《农村生活污水集中处理设施水污染物排放标准》(DB 33/973—2021)中的定义,即:农村日常生活中产生的污水,以及从事农村公益事业、公共服务和民宿、餐饮、洗涤、美容美发等经营活动所产生的污水。

一、农村生活污水的特征

我国幅员辽阔,农村村落数量众多,不同地区经济文化、生活习惯、自然条件等差异很大,生活污水产生量、污染浓度、排放规律等都有很大差别。这些差别与设施的运维与管理有着密切的联系。因此,在开展污水处理设施运维相关工作前,十分有必要了解农村生活污水的主要特征。

在水源方面,平原地区农村主要以使用自来水为主;山区、半山区农村大多有打井的习惯,其中,河水、井水是辅助用水,主要是在厨房使用,还可以用来洗衣服、打扫卫生、饲养家禽等,而人们的饮用水多是自来水,总体上人们是结合使用自来水、井水和河水三个水源的。农村分散式的地理分布特征造成污水分散排放,难以集中收集,且随着农民生活水平的提高和生活方式的改变,农村生活污水的产生量也日益增长。

在水质方面,我国农村生活污水一般不含重金属和有毒有害物质,一般情况下,农村生活污水中$BOD_5 \leqslant 250mg/L$,$COD_{Cr} \leqslant 450mg/L$,$NH_3\text{-}N \leqslant 40mg/L$,$TP \leqslant 7mg/L$,$SS \leqslant 200mg/L$。农村生活污水虽浓度低,但变化幅度较大,给污水处理设施的日常运维带来一定的影响。

在可生化性方面,一般情况下,农村生活污水中BOD_5与COD_{Cr}的比值大于0.3,可生化性较好,污染物易被微生物降解,故可通过生化方法加以处理。但在实际农村生活污水处理中,因农村地区生产生活的方式不同,也存在BOD_5与COD_{Cr}的比值小于0.3的情况,此时需要投加碳源,以保障农村生活污水处理设施的正常运行。

在水质水量波动方面，农村生活污水主要包括冲厕水、厨房污水、生活洗涤污水等。部分地区还可能存在畜禽粪尿、农产品废弃物和生活垃圾堆放过程等产生的高浓度污水，且污水中有机污染物、氮和磷含量不稳定。受人口数量与作息时间的影响，早、中、晚炊事和洗漱时为用水高峰期，用水量很大，其他时间用水量很小，流量可视为零。一天内水量波动较大，给污水处理设施的投资建设和运维带来巨大压力。当雨污分流不彻底或遇到暴雨季节时，进入农村生活污水处理设施的污水浓度较低，基本无须处理即可达标。此时，需要运维人员调整提升泵启停频率及溢流管阀门状态，避免对处理设施造成冲击，以降低农村生活污水处理设施使用寿命。我国多数农村生活污水处理设施因规模较小而未设置调节池，由于各地区、各时间段的农村生活污水中污染物浓度不一，容易对农村生活污水处理设施的处理能力产生影响，因此，运维人员需要根据水质水量的波动范围，调整加药浓度或曝气时间等参数，以确保出水达标。

二、农村生活污水的来源

农村水环境是指分布在农村的河流、湖沼、沟渠、池塘、水库等地表水体、土壤水和地下水，是农村生产和农民生活的重要资源。近年来，随着农村经济的发展以及城市化进程的推进，污染产生量大大增加，但治理措施跟不上，导致农村水环境污染问题日益严重，呈现出迅速恶化的趋势。我国大部分流域及湖泊污染仍与农村生活污水未经有效处理有直接关系。农村水污染主要是由农村生活、农业面源、畜禽与水产养殖、农家乐及农产品加工等过程所产生。

（一）农村生活污染

农村生活污染主要包括农村生活污水污染和农村生活垃圾污染两个方面。

农村生活污水长期以来由于面广、分散、难以收集等，大多未经处理直接外排，造成农村河、湖、塘等地表水体黑臭，严重影响农村水环境质量，是我国社会主义新农村和美丽乡村建设的瓶颈问题之一。未经处理的生活污水也是疾病传染扩散的源头，容易造成地区性传染病、地方病和人畜共患疾病。例如，浙江省经过"千万工程""五水共治"等行动计划，基本实现规划保留村生活污水有效治理全覆盖。但从全国层面上看，农村生活污水处理设施的规划、建设、运维等仍十分薄弱。

我国农村地区生活垃圾年产生量高达3亿吨左右，一直以来都缺少垃圾收集与处理处置措施。在改革开放之前，农村的废弃物很简单，主要由食物残余、人和动物的排泄物等日常生活和生产过程中产生的垃圾组成。随着改革开放的深入，国家发展经济能力逐渐增强，农村居民的生活方式也在不断转变。工业制品和日常用品进农村，使得农村的垃圾成分也变得日益复杂。这些垃圾通常被随意堆弃于道路两旁、沟塘、河道等场所，随着雨水浸渍和冲刷进入河道和湖泊中，造成水质恶化。此外，受资金和技术的限制，一些中小城市常常把城市垃圾向农村"输送"，将垃圾填埋场设在农村，早期大部分垃圾填埋场均未按照规范设置，导致生活垃圾随意堆放，长期散发恶臭，垃圾渗滤液也随雨水排入附近水体，时间久了还会渗入地下，对地下水、土壤造成严重的污染。未经处理的垃圾成为农村河、塘、湖、库的重要污染源。

（二）农业面源污染

我国作为农业生产大国，农业是农村地区重要的支柱产业，农民为了追求农作物的产量，往往在农业生产中大量使用化肥、农药，忽视了化肥及农药的流失对水环境的影响。我国化肥年施用量约为5250万吨，而利用率仅约40%。未被利用的化肥和农药则通过农田排灌及地表径流等方式流入农村地表水，引起地表水水体富营养化，然后渗入地下，造成地下水总矿化度、硝酸盐、亚硝酸盐、氯化物及重金属含量升高，严重污染农村水环境。

（三）畜禽与水产养殖污染

畜禽与水产养殖是我国农村经济发展的重要产业，主要有以猪、牛、羊为主的畜禽养殖和以鱼、虾为代表的水产养殖。养殖业虽然促进了农村经济发展，但也造成了严重的水环境污染问题。由于处理率不足，废水中大量氮、磷资源直接排放进入水体，成为我国河流、湖泊和东南沿海水体污染、富营养化的主要污染源。同时，大部分畜禽粪便未得到合理利用，在受到雨水冲刷时随地表径流进入农村水环境，给农村水环境、土壤环境都造成一定的污染。

(四) 农家乐及农产品加工污染

发展乡村旅游是近年来统筹城乡发展、促进农村经济、推进社会主义新农村和美丽乡村建设的重要举措之一，在某些地区以农家乐等为主要形式的乡村旅游成了当地农村居民增收的主要渠道，是解决"三农"问题的有效途径，同时伴随的还有以乡村特色农产品加工业为主的产业发展。这些产业的发展在促进经济增长的同时，也带来了水环境污染问题。乡村旅游业发展带来的宾馆饭店产生的生活和餐饮污水在配套处理设施不完善时，污水随意排放，直接威胁农村水环境的健康安全。

第二节　农村生活污水处理技术

一、农村生活污水物理处理技术

污水的物理处理主要是指通过重力或机械力等物理作用，使污水水质发生变化的处理过程。物理处理既可以单独使用，也可以与化学处理或生物处理结合使用，与化学处理或生物处理结合使用时又被称为初级处理或一级处理。物理处理可以用在一些污水的深度处理当中。污水的物理处理主要以去除污水中的漂浮物和悬浮物为主。

（一）隔油池在农村污水处理中的运用

本书在第二章第一节已经对隔油池的概念与具体分类进行了详细论述，在此仅就隔油池在农村的具体情况进行简要论述。

隔油池（图 3-1）通常设置在农村厨房和污水处理站点预处理单元，是一种利用油与水的密度差产生的上浮作用来去除含油污水中可浮性油类物质的污水预处理构筑物。农村隔油池多采用平流式构造，含油污水通过进水管进入隔油池并沿水平方向缓慢流动，在流动过程中，由于油的密度比水小，所以油品不断上浮，而后由设置在池面的挡板截留，经日常清掏去除。经过隔油处理的污水可通过挡板底部经隔油池出水口进入后续处理环节。

图 3-1　隔油池

农村生活污水处理中需要去除的油一般是指炊事及餐饮中的动植物油,多采用不锈钢隔油池以及钢筋混凝土结构的隔油池。按照安装位置不同,隔油池又可分为地埋式隔油池和地上式隔油池。池内水的流速一般为 0.002～0.01m/s,食用油污水流速一般不大于 0.005m/s,停留时间为 0.5～1.0min。

(二)格栅在农村污水处理中的运用

格栅(图 3-2)是污水处理站点预处理单元中最主要的辅助设备。由于农

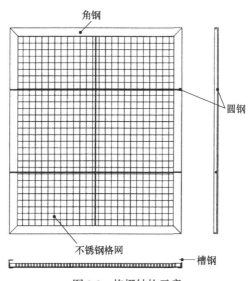

图 3-2　格栅结构示意

村生活污水中常常混入毛发、纤维、布条等杂物，为防止污水处理站点管道阀门和水泵叶轮堵塞，一般在污水处理站点的预处理单元设置1~2道格栅，将粗大杂物截流下来。

根据外形特点不同，格栅可分为平面格栅与曲面格栅两种。平面格栅由栅条与框架组成。曲面格栅又可分为固定曲面格栅与旋转鼓筒式格栅两种。根据栅条净间距，格栅又可分为粗格栅（40~100mm）、中格栅（10~40mm）、细格栅（1.5~10mm）三种。在农村生活污水处理设施中，因设施规模小、分布广，多采用成品耐腐蚀的平面格栅，按迎水流方向设置粗、细格栅共2道，粗格栅间距宜为16~25mm，细格栅间距宜为1.5~10mm。

（三）调节池在农村污水处理中的运用

本书在第二章第一节已经进行对调节池的功能、优点、设置等内容进行了详细论述，在此仅就调节池在农村污水处理中的运用进行简要论述。

调节池（图3-3）是指用以调节水流量、均化水质的构筑物。农村生活污水水量的日变化非常大，短暂的瞬时流量和污染浓度有可能超出污水处理设施的正常处理能力。为了稳定进水水量和水质，确保处理设施稳定运行，农村生活污水处理设施应建设调节池或具有调节功能的相关单元。

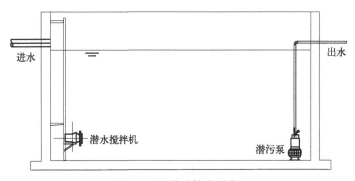

图3-3 调节池构成示意

在农村，调节池的有效容积应根据污水水质、水量变化确定，必须考虑污水处理设施本身的抗冲击负荷能力，调节池有效停留时间不宜小于12h，特殊情况下可增加调节池容积。当农村调节池容积过大时，池内应增设搅拌装置，保证可正常调节农村污水水质。农村调节池中的提升泵（组）应按处理设施的处理能力计算流量，宜设置提升泵以防堵塞装置。农村调节池宜为地下式，可与集中隔油池、集中沉砂池合建，应设置检修口和清淤排泥设施。

（四）沉砂池在农村污水处理中的运用

沉砂池（图3-4）是污水处理设施中另一个重要的组成单元。农村生活污水在从户内到污水处理站点的流动过程中不可避免地会混入泥砂，如果不预先进行沉降分离去除，就会造成管网堵塞、机泵磨损等现象，干扰甚至破坏污水处理设施、设备和生化系统。沉砂池以重力分离为基础，控制进水流速，使得密度大的无机颗粒下沉，而有机悬浮颗粒能够随水流带走，从而保证后续单元的正常运行。

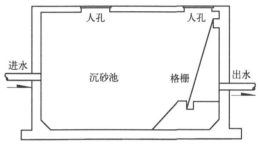

图3-4　沉砂池-格栅合建构成示意

农村生活污水处理设施沉砂池多数为平流沉砂池，多与格栅、隔油池、调节池等构筑物合建。排砂多采用间歇抽吸排砂或采用重力排砂，以节省能耗。平流沉砂池工艺运行的关键在于污水在池内的水平流速和停留时间。水平流速决定沉砂池所能去除的砂粒粒径大小，停留时间决定砂粒去除效率。

在出水水质要求高或其他特殊情况下，也会采用气浮、膜分离等处理技术，提高出水水质。

二、农村生活污水生物处理技术

生物处理通常是处理设施的核心单元，涉及微生物、动植物等的生物处理过程。污水的生物处理是指微生物在酶的催化作用下，利用其新陈代谢功能，对污水中的污染物质进行转化分解。所谓微生物，是指人类肉眼看不见或看不清的生物的总称，主要包括细菌、放线菌和蓝细菌等原核生物，真菌、微型藻类等真核生物以及病毒类等非细胞生物。微生物可以通过快速与周围环境进行物质交换，从农村生活污水中获取营养，并且在该污水中繁殖生长。同时，它们能够有效地分解和利用各种污染物质，从而达到净化农村生活污水的目的。因此，以微生物代谢为核心的生物处理技术在农村生活污水处理中得到广泛应用。

在农村生活污水处理中，微生物以悬浮或者附着两种形态存在，分别在污水处理构筑物中形成活性污泥及生物膜。

（一）活性污泥在农村污水处理中的运用

活性污泥是一种由好氧微生物、兼性厌氧微生物（也含少量厌氧微生物）和污水中的有机及无机物混合而组成的，极具交织性的絮状体，常被称为绒粒。

活性污泥净化作用与水处理工程中混凝剂的作用相似，有"生物絮凝剂"之称，既能分解和吸收水中溶解性污染物，也能絮凝有机和无机非溶解态污染物。与化学混凝剂相比，活性污泥由有生命的微生物组成，可以实现自我繁殖，拥有生物"活性"，可以连续反复使用，因此，从综合性能来看，活性污泥比化学混凝剂优越。

活性污泥中微生物之间的关系是食物链的关系。如果将活性污泥中的具有降解作用的微生物比喻为"接力队员"，那生物降解有机物的过程就是"接力棒"。在有氧条件下，接力队员微生物会接过接力棒，即吸附污水中的有机物。另外，活性污泥中的水解菌能够将高分子有机化合物分解成低分子有机物，并将这些物质用于自身细胞合成。细菌直接吸收污水中的可溶性有机物，并在其体内进行氧化分解。在这个过程中，其他细菌群体会进一步利用中间代谢产物。在第三个阶段，原生动物和微型后生动物会利用未被完全分解的有机物和游离细菌，通过吞噬或摄取的方式来获取营养（图3-5）。

（二）生物膜在农村污水处理中的运用

本书在第二章第三节主要对生物膜法的特征以及处理工艺进行了详细论

述，在此仅就生物膜在农村污水处理中的应用进行简要论述。

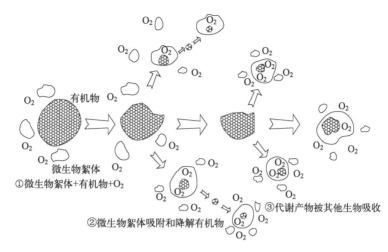

图 3-5　好氧活性污泥吸附和生物降解有机物的过程

生物膜是一层黏性、薄膜状的微生物混合群体。这些微生物由好氧微生物和兼性厌氧微生物组成，它们利用填料、生物滤池滤料或生物转盘盘片上的附着来生长。生物膜法是一种主要的污（废）水净化工艺。生物膜在滤池中的分布方式与活性污泥存在区别。生物膜会附着在滤料上，静态存在。当污水流经生物膜时，会与生物膜发生相互作用的反应。滤池内的生物膜可被分为上下两个层次。位于顶层的生物层是由絮凝性细菌和其他微生物组成的。它们与一些良性的纤毛虫和微型后生动物一起作用，将污水中的高分子有机物吸附下来，并逐步分解成小分子有机物。生物膜可以吸收一些可以溶解在水中的有机物和被分解成小分子的有机物，并对其进行氧化分解。这些营养物质被利用来构建生物膜自身的细胞。由上层生物膜代谢产生的物质会通过流动的方式传递到下层生物膜，然后被下层生物膜所吸收，并经过进一步氧化分解成二氧化碳和水。通过生物摄食作用，滤池可清除老化生物膜和游离细菌。通过微生物化学反应和生物摄取作用，污水得到净化。

生物膜结构如图 3-6 所示。

填料是生物膜的载体，对截留悬浮物起作用，因此也是生物膜技术的关键。一般情况下，应根据农村污水处理要求确定需要的总生物量和填料附着生物量，以确保生物填料附着生物膜厚度和生物膜活性。

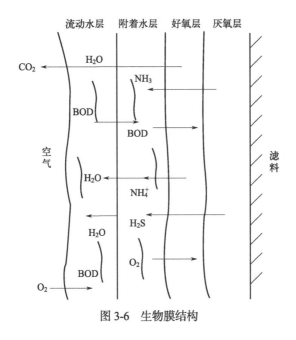

图 3-6 生物膜结构

三、农村生活污水自然生态处理技术

自然生态处理是指利用自然界的机制及生物成员，在人为控制下使其发挥最大的能力来进行污水处理的技术。该技术可有效去除有机物、病原体、重金属、氮磷等，在面源污染及农村生活污水治理中应用广泛。典型的自然生态处理技术有稳定塘、污水的土地处理和人工湿地处理系统。

（一）稳定塘在农村污水处理中的运用

本书在第二章第四节已经对稳定塘的概念与分类进行了详细论述，在此仅对稳定塘在农村的运用进行简要论述。

稳定塘系统由细菌、藻类、原生动物、后生动物、水生植物等组成，在太阳能的推动下，塘内的微生物为藻类提供二氧化碳、碳酸盐等生存所必需的物质，同时，藻类为微生物提供氧气进行好氧作用，从而构成一个菌藻共生的生态系统。农村生活污水在塘内缓慢流动并作长时间停留，通过塘中存在的多条食物链的代谢活动以及综合作用，将农村生活污水中的有机污染物和其他污染物质进行转换和降解，从而去除农村生活污水中的污染物，实现污水的净化。

稳定塘具有建设和运行费用低、维护简便、操作简单、无须污泥处理等优点。

（二）人工湿地处理系统在农村污水处理中的运用

本书在第二章第四节已经对人工湿地对有机物、氮、磷和重金属的去除过程进行了详细论述，在此主要就基质、植物、微生物的具体作用进行简要论述。

人工湿地处理系统（图3-7）是由人工建造和控制运行的与沼泽地类似的地面，将污水、污泥有控制地投配到经人工建造的湿地上，污水与污泥在沿一定方向流动的过程中，对污水、污泥进行处理的一种技术。

人工湿地处理系统主要通过基质、植物、微生物作用，经过物理、化学和生物作用，实现污水中有机物、氮磷等污染物的去除。

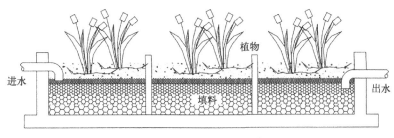

图3-7 人工湿地处理系统

1. 基质作用

污水流经湿地系统时，水流中的悬浮固体颗粒直接在基质颗粒表面被拦截。水中悬浮固体颗粒和溶解性污染物迁移到基质表面时，容易通过基质表面的黏附作用而去除。此外，由于湿地床体经常保持水浸状态，因此床体内的许多基质区域形成了土壤胶体。土壤胶体具备显著的吸附能力，可有效过滤和吸附进入水体的可悬浮颗粒和可溶解污染物。

2. 植物作用

湿地植物是人工湿地处理系统中的重要组成部分，是人工湿地可持续性去除污染物的核心。首先，植物通过吸收同化作用直接从污水中吸收富集营养物质，如氮和磷等，最后通过植物收割而使这些物质离开水体。其次，湿地植物根系密集、发达,交织在一起拦截固体颗粒,降低污水悬浮物浓度。再次,植物根系为微生物的生长提供了营养、氧及附着表面,从而提高了整个人工湿地处理系统的微生物量,促进微生物分解代谢污水中污染物的作用。最后,植物还能为水体输送氧气,有利于微生物进行好氧分解代谢污水中的污染物。

3. 微生物作用

在人造湿地处理系统中,微生物是主导水中污染物降解的关键力量。湿地环境中容纳着丰富的细菌群落,包括好氧细菌、厌氧细菌、硝化细菌以及反硝化细菌。微生物能够利用化学反应将污水中的污染物分解,从而实现有效去除。一部分污染物被转化为微生物生物量,另一部分则被降解为无害的无机化合物,并被还原至自然界中。此外,在人工湿地处理系统中,某些生物,例如原生动物、后生动物和昆虫,可以直接摄取有机颗粒并将其同化,从而吸收其中的营养物质,从而帮助去除污水中的污染物。

总体来说,人工湿地污水处理系统是一种较好的污水处理方式,比较适合水量、水质变化不大,管理水平不高的城镇和农村生活污水处理。

第三节 农村生活污水处理设施运维

农村生活污水处理设施是指对农村生活污水进行末端处理的建(构)筑物、设备和设施,它包括预处理设施、主体处理设施、附属设施以及相关的设备仪表等,又称为"处理终端"。

随着我国农村环境治理工作的深入,农村生活污水处理设施建设的覆盖面越来越广。近年来,我国各级政府不断加大资金投入,建成大量农村生活污水处理设施,污水处理率得到显著提高。污水处理设施大量建成后,需要通过运行维护确保治理成效,因此农村生活污水治理的工作重点开始逐渐由建设向运维转移。

农村生活污水处理设施数量多、分布广、处理规模不一,不同区域采用的工艺技术差异性较大,这决定了农村生活污水处理设施运维的困难与复杂性。污水处理设施正常运行是出水水质达标的重要保障。建而不管、管而不善都可能使污水处理设施发挥不了应有的作用，甚至可能导致集中排污，造成更大的污染。农村生活污水处理设施运维管理已成为新农村建设的重要内容，在充分认识农村生活污水处理设施建设的重要性的同时，应逐步构建和完善相应的运维管理制度，切实发挥农村生活污水处理设施的作用，避免"重建设、轻管理"的问题。本章针对当前农村生活污水处理设施运维技术进行梳理、归纳和分析，供管理与技术人员参考。

一、预处理设施运维

经管网收集的生活污水，需要经过一定的预处理才能进入主体处理工段，以稳定进水负荷，减少设备磨损和管道堵塞。预处理是农村生活污水处理系统的重要组成环节，主要包括格栅井、隔油池、调节池、沉砂池和初沉池等设施，预处理效果直接关系到主体设施能否正常运行，从而影响整个处理系统的处理效果。

（一）格栅井

格栅井设置在集中隔油池、调节池之前，拦截污水中粗大固体杂物，防止隔油池过流管（孔）堵塞，减少调节池提升泵发生杂物堵塞等故障。

格栅井内通常安装有粗、细两道格栅，可起到分级截留不同粒径悬浮物的作用。格栅装置根据机械原理不同，可分为人工格栅和机械格栅。综合考虑机械维护和运行成本等因素，农村生活污水处理设施中多以人工格栅为主。机械格栅一般用于污水处理规模较大的情况。当污水处理设施设计规模达到 200t/d 及以上或进水管埋深大时，一般设置机械格栅，方便栅渣清理并减少栅渣清掏的工作量。机械格栅一般为成品格栅，采用 SUS304 不锈钢或其他耐腐蚀材料制作而成。

格栅井运行的常见问题及运维对策如下。

1. 栅渣淤积、格栅堵塞

格栅栅渣如果得不到及时清理，就会淤积在栅面，造成格栅过流阻力增加，过水不畅甚至格栅堵塞，最后导致格栅井壅水。运维人员应及时清除格栅栅渣，如清污次数太少或清污不及时，栅渣在格栅上长时间附着、卡住，将导致堵塞的格栅更难清理。栅渣量会随季节、污水源、降雨等的变化而改变，运维人员应了解这些规律，以提高运维效率。汛期及进水量增加时段，需加强巡视，增加清渣次数，确保格栅运行稳定。

2. 格栅腐蚀、破损

农村生活污水处理系统中的格栅制作材质多样，如 PVC 材质、铝合金、不锈钢、普通碳钢等，长期使用会发生老化、变形、锈蚀、破损等问题。运维人员发现问题后应及时报修或更换，确保格栅有效。

3. 机械故障

对于使用机械格栅的处理设施，常会出现减速机故障、栅条卡顿、破损等问题。对机械格栅的运维需遵循设备操作规程的要求，重点保持减速机内有效油位，传动链条及水上轴承应定期（每月一次）加注润滑脂。机械格栅还应保持链条的适当张紧度，适时将链条调紧。水中轴承一般为水润滑的尼龙轴承，当发现轴承磨损时，应及时更换。

4. 格栅井保养不当造成拦渣效率降低

除了定期对格栅设备进行运维外，还应该注意对格栅井进行保养。保养时一般先清除格栅井内的漂浮垃圾，用污水泵将格栅井中的污水排空，然后用吸泥泵将格栅井底的淤泥抽尽；用清水冲洗淤泥和池壁，检查井壁有无裂缝及设施是否腐蚀等情况，必要时进行修补处理。

5. 栅渣处置不当造成二次污染

清出的栅渣可放入专用的栅渣收集容器，自然脱水后纳入生活垃圾处理系统或采用其他有效方式进行处理、处置。禁止随意倾倒，造成二次污染。

（二）隔油池

农村生活污水处理设施中的隔油池按照使用位置的不同，可分为户用隔油池（器）和集中隔油池。户用隔油池（器）一般用于农家乐餐饮污水除油，通常安装在厨房污水的排口处。集中隔油池一般设置于处理设施调节池前，用于去除进入集中处理设施的动植物油污。隔油池运行维护主要内容包括沉积物清理、浮油清除和处置、防臭气外溢等。

隔油池运行的常见问题及运维对策如下。

1. 堵塞、满溢

隔油池内容易出现油污积存过多造成堵塞、池体满溢等问题。运维人员应及时检查隔油池中浮油的积存量。隔油池需检查集油槽和排油装置，及时清除浮油，确保隔油池无堵塞、无满溢。

2. 有臭气

隔油池内存在大量易腐败有机物，运行过程会产生臭气，尤其是在夏季，池内微生物活性高，会散发出较多的酸臭气体。运维人员应及时除浮油和底部沉渣，尽可能阻断导致池内产生臭气的条件，同时做好通风和安全防护。

3. 安全问题

对隔油池（器）进行维护时，为了有效除油常会用到清洗剂或脱脂剂，因其具有腐蚀性，使用时需佩戴相应护具，注意操作安全。清理出来的浮油应妥善处置，一般性浮油可纳入（厨余垃圾）处理系统，对于农家乐或集中餐厨隔油池，浮油量较多时可回收再生利用。禁止随意丢弃隔油池运维废弃物，造成二次污染。

（三）调节池

农村地区的生活污水水质、水量均有较大的波动性。通常每天早、中、晚各有一个用水高峰期，其他时间用水很少，节假日等水量变化更为明显。此外，农村有酿酒、做豆腐、洗红薯粉等季节性农产品加工习俗，其间污水水量往往超出污水处理系统的正常处理能力。为了污水处理主体设施不受高峰流量或浓度变化的影响，需在污水处理设施之前设置调节池，用于调节污水流量和均衡水质，确保处理系统稳定运行。调节池运维包括确保调节容积有效和设备运行正常，避免二次污染等。

调节池运行的常见问题及运维对策如下。

1. 调节功能下降

农村生活污水中含有大量悬浮物、泥沙等，受设施位置、使用条件和环境因素的限制，农村生活污水处理系统中的调节池一般不设置搅拌，污水中的悬浮物和泥沙往往会在调节池内淤积，不断占据调节池的有效容积，且会影响提升泵等设备的运行。运维人员应根据进水量和工艺运行状况及时查看池内液面高度和底部沉渣淤积情况，定期清除池内沉积物，必要时进行清淤，避免调节池有效容积减小影响调节效果，以及妨碍后续处理工段的正常运行。

2. 设备故障

农村生活污水处理系统中调节池内主要设备为提升泵和液位控制装置。运维人员应不定期检查提升泵的运行情况。

3. 混合搅拌装置故障

为了实现水质调节功能，设计规模较大（一般 200t/d 以上）的农村生活污水处理系统会用到混合搅拌装置。常用的混合搅拌装置包括机械搅拌和空气搅拌装置。空气搅拌装置存在的主要问题是管道堵塞、鼓气不均等。运维人员应及时采用调节气量等措施进行疏通，必要时清池，对曝气管进行更换。

调节池清池或大修清出的底泥可纳入污泥处理系统，暂时不具备就地处理处置条件的，须将底泥送至指定的淤泥处理处置中心进行处理，禁止随意倾倒淤泥，造成二次污染。

（四）沉砂池

污水在收集、输送和汇集过程中难免会混入泥沙，特别是在农村日常生活中衣物、农具和农产品的清洗等都会产生较多泥沙。若不事先将污水中的泥沙沉淀、分离、去除，会对后续处理设备的运行产生不良影响，如磨损搅拌机泵、管道堵塞、生化处理过程受到干扰甚至遭到破坏。沉砂池被广泛运用于污水处理领域，其主要作用是将粒径大于 0.2mm 且密度高于 $2.65t/m^3$ 的砂粒从污水中清除出来，以保护管道、阀门等设备避免磨损和堵塞。该设备运作原理依赖于重力分离技术，因此必须调整进水速度以确保密度较大的无机颗粒下沉至沉砂池而有机悬浮颗粒能够随水流而行。通常情况下，沉砂池是一种平流沉砂池，常常与格栅井、隔油池和调节池等建筑物搭配使用。通过间歇式吸取或自然重力排砂的方式，可以减少能源的消耗。平流沉砂池的有效操作要素包括水平流速和停留时间等参数，其中水平流速的范围为 0.14 ~ 0.30m/s，实现不同沉砂粒径的分离；停留时间的长短也直接影响砂粒的去除效率。

在农村生活污水处理系统中，沉砂池的运行维护主要包括排砂和清除漂浮物等。因农村生活污水处理系统处理规模普遍较小，一般不单独设置沉砂池，而是将其与格栅井或调节池合并，合建成一个池来代替。对于合建的沉砂池，其运维可参照格栅和调节池的运维要求开展。

沉砂池运行的常见问题及运维对策如下。

1. 系统堵塞

沉砂池最常见的问题是泥沙淤积导致系统堵塞。其日常运维重点是根据沉砂量的多少及其变化规律，合理安排清砂，确保沉砂池运行正常。沉砂池砂量及粒径大小主要取决于接户、管网系统的情况，如遇农作物集中生产季节、蔬菜清洗、农具清洗、降雨等，运维人员应综合考虑这些因素，并认真摸索处理系统砂量的变化规律。

2. 设备故障

少数采用机械排砂的沉砂池，在停止排砂一段时间后会出现排砂设备不能启动的问题。此时，运维人员应认真检查池底积砂情况，如积砂太多，则应人工清砂排空沉砂池，以免因过载而损坏设备，对发现的故障设备应及时进行维修或更换。

在某些使用机械排砂的沉砂池中，停止排砂一段时间后，可能出现无法启动排砂设备的情况。在这种情况下，运维人员需要仔细检查沉淀池底部是否有沙子堆积的情况。如果发现积沙过多，就需要手动清理并抽掉沉淀池中的沙子，以免出现设备过载而造成损坏。对于发现的故障设备，应立即进行维修或更换。

（五）初沉池

初沉池主要用来去除污水中的悬浮固体（图 3-8）。初沉池与二沉池的区别在于，初沉池一般设置在污水处理沉砂池后、生化池之前，而二沉池一般设置在生化池之后。初沉池在农村生活污水处理系统中很少使用，主要用在规模较大的情况或者是有经营性污水排入的污水处理终端生化处理工段前端，用于去除污水中的悬浮物，同时可去除部分有机物，减轻后续处理设施的负荷。在预处理系统中，初沉池可起到调节池的部分作用，对水质起到一定程度的均质效果，减缓水质变化对后续生化系统的冲击。初沉池的运行维护主要包括设备巡查、加药运维和及时排泥等。

图3-8 初沉池

初沉池运行的常见问题及运维对策如下。

1. 沉渣淤积

这是初沉池运行过程中最常见的问题之一。运维人员应认真排查初沉池底部的积泥情况，及时开启刮泥机和排泥装置。带有加药系统的初沉池出现沉淀效果不佳时，应结合加药系统工况、沉淀区矾花颗粒情况、沉淀效果等进行观察，若出现问题时应及时进行维修。

2. 设备故障

农村生活污水处理系统中初沉池一般不设专用设备，设计规模较大（一般在200t/d及以上）的处理设施会设置污泥泵，定期进行机械排泥。

3. 臭气

初沉池臭气产生的主要原因是沉泥未及时清理，从而发酵产臭。防止臭气产生的常见做法是及时排泥,并且在运维计划中合理设定排泥次数和排泥时间,避免沉淀池内大量污泥积存。采用机械排泥的排泥管路应定期冲洗,防止污泥在管内或阀门处淤积。初沉池排出的污泥应纳入污泥处理系统,暂时不具备就地处理处置条件的,须将污泥送至指定的污泥处理处置场所进行处理,禁止随意倾倒淤泥,造成二次污染。

二、主体处理设施运维

主体处理设施是农村生活污水处理设施的核心部分,是去除污染物的关键环节,因此,确保其正常运转非常重要。目前,农村生活污水处理常见的主流工艺有厌氧生物膜池、净化沼气池、厌氧-缺氧-好氧(缺氧-好氧)工艺、序批式活性污泥法、生物接触氧化法、生物滤池生物转盘、膜生物反应器、人工湿地、稳定塘工艺、混凝沉淀池、过滤设施、消毒设施等。

(一)厌氧生物膜池

厌氧生物膜池是运用生物填料在厌氧容器内形成生物膜,以提高厌氧处理效率的一种技术。在厌氧池内,污水中的高分子有机物被分解,成为更小分子的有机物,这样有助于减轻后续处理单元的有机污染负荷,使得废水的净化效果得到了显著提高。

厌氧生物膜池具有投资费用省、施工简单、无动力运行、维护简便等优点,常用于农村生活污水处理工程。厌氧生物膜池对于污染物的去除效率不高,尤其是对氮、磷基本无去除效果,出水水质较差,不宜单独使用,一般作为生化处理、生态处理的前置处理单元。

厌氧生物膜池运维主要包括池体防腐防渗检查、内部过流和搅拌设备检查,以及定期排放污泥和安全检查等。

厌氧生物膜池运行的常见问题及运维对策如下。

1. 池体老化、渗漏、过流孔管堵塞

农村生活污水处理系统中的厌氧生物膜池常见形式有钢砼池体和一体化罐(箱)体两种。其中,一体化罐(箱)体一般采用玻璃钢、聚丙烯或者碳钢防腐材料制成。池体本身常伴有渗漏、锈蚀、老化等问题。运维人员应定期对厌

氧生物膜池进行渗漏检查，具体包括对厌氧生物膜池进出水口、检查口、通气孔、排渣孔等的检查，确保通畅。

2. 生物填料老化、脱落、沉积

厌氧生物膜池内填充生物填料强化厌氧处理效果，这是该技术的核心部分。其常见问题主要是生物填料的老化、脱落和沉积。运维人员应检查池内生物填料的状态，查看生物膜的生长情况，当发现无挂膜、少膜等情况时，应检查进出水水质和池内流态。生物填料脱落、堆积时，应及时进行清理和更换。

3. 混合或搅拌设备故障

运维人员应检查厌氧生物膜池内部过流情况和搅拌设施情况，发现短流或者搅拌不均匀时应及时进行调整或维修。

4. 池内污泥淤积

厌氧生物膜池长期运行会存在底部污泥淤积问题，运维人员应及时开启搅拌混合和排泥（清掏）等应对措施。生物膜池应每年进行一次常规排泥（清掏），排出部分淤积污泥，排泥时应注意保留池容30%左右的料液，确保常规排泥后池内有足够的厌氧微生物维持厌氧反应正常运行，常规清掏或排泥一般安排在夏季进行。

5. 安全问题

厌氧生物膜池运维属于厌氧处理过程，日常安全问题重点是进行防爆、防毒。对厌氧生物膜池内设备维修操作前，必须先放空、通风，并对现场有毒有害、气体进行检测，不得在超标环境下操作。所有参与操作的人员都必须佩戴防护装备，直接操作者应在可靠的监护下进行，符合《城镇排水管道维护安全技术规程》（CJJ 6—2009）的规定。厌氧生物膜池防护范围内严禁明火作业。

（二）净化沼气池

"净化沼气池"之名来自《生活污水净化沼气池技术规范》（NY/T1702—

2009），该规范明确了其设计、建设、验收、运行管理等技术要求。其原理是：通过同时采用厌氧发酵技术和兼性生物过滤技术，可以有效地净化生活污水并实现其资源化利用。这种方法利用厌氧和兼性厌氧的条件将有机物转化为甲烷、二氧化碳和水。

净化沼气池在农村生活污水处理系统中常作为生活污水的分散处理装置使用，它集生物、化学、物理处理于一体，能实现污水中多种污染物的逐级去除。但在实际运行过程中，净化沼气池出水氮磷浓度过高，达标较困难。因此，目前净化沼气池单独作为处理工艺的情况已比较少见，常作为农村生活污水处理的预处理单元，常用的类型包括水压式沼气池、浮罩式沼气池、半塑式沼气池和罐式沼气池。

净化沼气池运维的主要内容包括启动接种、水质检测、及时清渣、规范安全用气等。净化沼气池运行的常见问题及运维对策如下。

1. 不产沼气

生活污水净化沼气池最常见的问题是，净化池不产沼气或沼气量很少。运维人员应从以下几方面进行解决。

① 重新接种。重新加入厌氧消化单元有效容积 5%～15% 的接种物后启动系统，特别是沼气净化池淘渣、维修后需要重新接种并进料启动。

② 对出水进行检测，至少 3 个月进行一次进出水水质水量检测，根据检测结果判断沼气净化池是否存在问题。如存在问题，则应参照《生活污水净化沼气池技术规范》（NY/T1702—2009）相关措施及时予以解决。

2. 沉渣过多、进出料口或管道堵塞

由于农村生活污水处理时，净化沼气池中不能生物降解的物质较多，因此会出现池内沉渣过多、进出料口或管道被堵塞的情况，需要及时清渣。净化沼气池的清渣需要由专业人员负责，清除池中砖头、瓦块、石头、玻璃、金属、塑料等杂物，预防进出料口堵塞。沼气净化池宜采用机械出渣。残渣清掏期一般为 1～2 年，沉砂除渣单元期为 1～2 个月；净化沼气池出残渣时，应保留厌氧消化单元有效容积 10%～15% 的活性污泥作接种物；净化沼气池排渣时应停止使用沼气，并开启活动盖。

3. 安全问题

净化沼气池的运行过程存在较大安全风险，因此规范操作十分重要。净化沼气池必须处于敞开环境，其外壁距离建筑物不宜小于5m；所有露天井口及其他附属管口均应加盖，盖板应有足够的强度，防止人畜掉进池内；严禁有毒物质如电石、农药或家用消毒剂、防腐剂、洗涤剂等入池。净化池所产沼气应按照沼气使用操作规程安全用气，严禁将输气管堵塞或放在阴沟里；严禁在沼气池周边使用明火。净化沼气池检修时，应参照《沼气工程安全管理规范》（NY/T 3437—2019）实施。运维管理其他方面的要求应参考《生活污水净化沼气池技术规范》（NY/T1702—2009）实施。

（三）厌氧－缺氧－好氧工艺

AAO工艺虽是目前农村生活污水处理中应用较为普遍的，但AAO（AO）工艺多数是结合接触氧化法使用的。

AAO工艺运行的常见问题及运维对策如下。

1. 活性污泥量不足

活性污泥（以形成菌胶团的细菌和原生动物为主的微生物群）是污水中污染物分解去除的核心，活性污泥量不足会降低生化系统的效率，造成污水处理系统出水不达标等问题。生化处理系统活性污泥量不足的主要原因在于工艺设计不合理或运维不当。

工艺设计方面造成活性污泥量不足或减少的主要原因包括：进水水质水量不稳定，缺少调节池，二沉池负荷过高造成污泥流失，污泥回流不合理等。

运维方面造成活性污泥量不足或减少的主要原因包括：日常运行曝气量过大或过小，设备故障，排泥量过大，进水有机负荷过低等。

针对生化系统活性污泥量不足的问题，可采取如下解决措施。

① 增建或扩建调节池，使进水水质均匀，稳定水量负荷。

② 考虑在生化池内增加生物填料，如悬挂填料、悬浮填料等，形成生物膜，减少活性污泥流失。

③ 适时调节污泥回流和外排量，保持生化池污泥浓度。

④ 根据进水和曝气设备确定曝气强度，可采用时间控制器对鼓风机的开启时间进行调节。

⑤ 活性污泥量过少时，应及时补充活性污泥，可通过接种活性污泥或投加菌剂等补充微生物量。

2. 污泥膨胀

正常活性污泥沉降性能良好，污泥含水率在 99% 左右。当污泥发生膨胀时，污泥容积指数上升，污泥体积膨胀，上清液体积变小，污泥在二沉池中不能进行正常的泥水分离，污泥随着水流大量流失，导致出水中的 SS 含量超标、曝气池中污泥量减少，从而影响 AAO 池的污染物去除效率。引起污泥膨胀的原因有很多，主要有水质方面和运行方面两大原因。

污泥膨胀的主要水质原因有：① BOD/N 和 BOD/P 比值高，N、P 不足；② pH 低，pH 在 4 左右时，真菌类会大量繁殖；③ 污水中低分子的碳水化合物较多；④ 水温过高或过低。

污泥膨胀的主要运行原因有：① 沉淀池中的污泥排出不及时；② 污泥回流比不够；③ 好氧池溶解氧低。

在运维过程中，需根据污泥膨胀的具体原因，采取外加碳源、调整 pH 或改变回流比等对应的控制措施。

3. 二沉池污泥上浮

AAO 工艺中的二沉池会出现污泥不沉降、成块上浮或已沉降的污泥成块上浮并随出水流失的现象。污泥发生上浮的原因主要有：① 污泥在沉淀池中的停留时间过长，处于缺氧状态，易产生腐化而上浮。② 生化系统中好氧段时间过长，污泥因发生反硝化产生氮气而上浮。③ 污水中含油量高，污水因含油而上浮。

污泥上浮会使生化池系统污泥大量流失，因此需要及时采取控制措施：① 投加混凝剂，协助污泥沉降。② 增加系统污泥回流比，减少污泥在沉淀池中的停留时间。③ 及时排除剩余污泥，在反硝化之前即把污泥排出。④ 如果污泥颗粒细小，就证明溶解氧过高，可适当降低溶解氧。⑤ 缩短污泥龄，使其不能进行到硝化阶段。

4. 泡沫问题

泡沫是 AAO 工艺中常见的问题。泡沫分为两类：一类是由化学反应产生的泡沫，另一类是由生物作用形成的泡沫。化学泡沫产生于污水中存在的洗涤剂和其他能够产生泡沫的物质之间的相互作用。生物泡沫是由一种叫作诺卡氏菌的微生物引起的。诺卡氏菌是一种含有丰富类脂物质的丝状细菌，具有极强的疏水性。在充氧的情况下，诺卡氏菌会形成网状结构并浮出液面。诺卡氏菌死亡后，它们的尸体会漂浮在液面形成泡沫。当污水中含有油脂类物质且温度超过 20℃时，诺卡氏菌易于迅速繁殖。

泡沫一般表现为产生白色黏稠的空气泡沫、细微的暗褐色泡沫和脂状暗褐色泡沫。当遇到泡沫问题时，要具体分析，对症下药，否则泡沫问题不但不能解决，反而会越来越严重。

泡沫问题的预防对策包括：①控制活性污泥浓度，及时排泥；缩短污泥龄，减少污泥老化产生的泡沫。②控制曝气方式，避免过量曝气，使溶解氧控制在 2 ~ 3mg/L。

当泡沫产生后，要及时清除，常用的方法是用水喷洒泡沫，此法既清洁又不会造成二次污染，也可以采用机械消泡，但应慎重使用消泡剂。

5. 出水浑浊，SS 含量超标

农村生活污水处理系统普遍存在出水中 SS 含量超标的超标现象，主要应检查二沉池是否出现短流、排泥管是否存在堵塞等问题，若有则应及时清除管道堵塞，排除剩余污泥，提高污泥回流比（一般控制在 80% ~ 100%）。对于无法实现连续排泥的农村生活污水处理系统，一般每两周应对二沉池剩余污泥进行一次排泥，可采用吸污车对底泥进行抽吸。设有污泥浓缩池的处理站点，应及时将二沉池污泥排入污泥浓缩池，进行规范处理处置。

6. 设备故障问题

涉及 AAO 工艺的主要设备包括厌氧池、缺氧池和好氧池的机械搅拌设备、好氧曝气设备、回流装置或设备以及连接设备的管阀等。运行时，应保持缺氧池进出水位，保证硝化液回流符合设计或者运行技术要求。运维人员应重点检查风机、提升泵、回流泵、污泥外排泵等机电设备是否运行正常。在巡查中，若发现设备和部件存在损坏、老化或故障，则应及时维修或更换。

AO工艺设施由于运维管理与AAO基本一致，故可参照实施。

（四）序批式活性污泥法

序批式活性污泥（SBR）法是在同一反应池中，按时间顺序由进水、曝气、沉淀、排水和待机五个基本工序组成的活性污泥污水处理方法。虽然SBR工艺在农村生活污水处理中较少运用，但该技术进行集成化改进后，易形成成套化设备，因此，在一些用地紧张、处理污水量大、用电条件好、运维管理能力强的农村地区仍有运用。

SBR工艺与AAO工艺同属活性污泥法，有很多设备相同，运维人员应严格执行设备操作规程，定时巡查设备运转是否正常。

序批式活性污泥法运行的常见问题及运维对策如下。

1. 出水浑浊

SBR反应池出水浑浊的主要原因如下：剩余污泥排放不足；冬季池内温度低，污泥出现结块现象；或者曝气量大，污泥老化松散导致沉降性下降。若在运维期间发现上述情况，则应及时加大剩余污泥的排放量，控制鼓风机的运行强度，投加适量的混凝剂或辅助填料，提高污泥沉降性能。另外，在设定运行周期不变的情况下，根据工艺运行条件，适当调整排水比（或充水比），以保证各反应池的配水均匀、稳定。排水时，应确保水面匀速下降，下降速度宜小于或等于30mm/min。

2. 曝气不均匀

SBR工艺池内微孔曝气器容易堵塞，应定时检查曝气器的堵塞和损坏情况，及时更换破损的曝气器，保持曝气系统运行良好。

3. 滗水器运行故障

滗水器是SBR工艺池排出上清液的设备，它能在不搅动沉淀污泥的情况下从静止的池表面将上清液排出，确保出水水质。SBR工艺池为间歇反应，进水、反应、沉淀、排水在同一池内完成，其中，滗水器是替代二次沉淀池和污泥回流设备的关键设备。

滗水器常见故障及解决对策如下。

① 滗水器故障指示灯亮起。如发现滗水器故障指示灯亮起，要及时停止滗水器运行，并检查滗水器有无异响、发热，水面有无漏油，检查电气元件和电气线路是否有损坏，若有则应及时维修或更换。

② 滗水器有停滞问题。检查滗水器螺杆是否发生偏移，主螺杆是否发生侧弯，螺杆转头是否有磨损，如有则应及时维修。

4. 搅拌机故障

SBR工艺池中除核心的滗水器设备以外，一般还会辅助安装搅拌装置。在SBR工艺池运行中，应防止推流式潜水搅拌机叶轮损坏或堵塞，表面空气吸入形成涡流，水流不均匀等引起的震动。

（五）生物接触氧化法

生物接触氧化法兼有生物膜法和活性污泥法的特点，其中生物膜法起主要作用。生物接触氧化法具有容积负荷大、占地面积小、生物活性高、剩余污泥量少、结构简单、对水质和水量波动的适应性强等优点，被广泛应用于AAO（AO）工艺，在生化池内增加生物填料帮助生物膜的生长。因此，农村生活污水处理系统的生物接触氧化法与前述AAO（AO）工艺的运维有很多共同点，在此不再重复。

生物接触氧化法运行的常见问题及解决对策如下。

1. 生物填料挂膜少

在农村生活污水处理系统中，生物接触氧化池常出现的问题为生物填料挂膜少，甚至是不挂膜，挂膜后容易脱落等。因此，运维人员应重点观察填料载体上生物膜生长与脱落的情况。针对曝气量过大引起的生物膜大面积脱落、挂膜少等问题，可适当进行气量调节。冬季水温低于4℃，无条件保温或增温时，可适当增加曝气时间。

2. 填料结块堵塞

采用悬浮填料的生物接触氧化池，容易出现填料内部生物增殖过量，填料结块堵塞，造成填料比表面积下降从而影响生化效果。运维人员应检查有无填料结块堵塞现象，并适当增加搅拌强度或曝气强度，加速污泥膜更新，必要时更换填料，同时对二沉池污泥进行排泥处理。

3. 填料松散、脱落

填料接触面提供了微生物生长的基础，并形成了一种生物膜的环境，从而影响微生物的繁殖和脱落。填料的表现对于处理效果、生物膜的状态、氧气利用率和水力分布等因素来说都至关重要。因此，填料的性能是影响生物接触氧化方法的关键因素。

运维人员应重点检查接触氧化池生物填料的状态，对出现的填料松散、脱落、下沉或漂浮堆积等问题及时查明原因，避免问题持续恶化。若问题严重时，则应及时更换填料。

4. 二沉池出水浮泥

生物接触氧化池后端二沉池的设计表面负荷一般高于活性污泥法。农村生活污水处理系统运行过程中有时会发现沉淀池出水带有絮状生物膜，并且会有团状的污泥从沉淀池的底部翻上来。当有这种问题出现的时候，负责维护设备的人员应该及时把沉淀池底部的污泥清理出来，缩短污泥在沉淀池内停留的时间，并适时调整好氧段曝气强度。

5. 曝气不均匀

检查生物接触氧化池有无曝气死角或曝气装置脱落、开裂等问题，调整气量、曝气头位置或更换损坏部件，保证均匀曝气。

（六）生物滤池

生物滤池是一种人工生物处理方法，它源于间歇砂滤池和接触滤池的技术，进而发展出普通生物滤池、高负荷生物滤池、塔式生物滤池、曝气生物滤池等不同类型。在生物滤池中，污水通过布水器均匀地分布在滤池表面，滤池中装满了石子等填料（一般称之为滤料），污水沿着滤料的空隙从上向下流动到池底，通过集水沟、排水渠，流出池外。其运行主要受生物膜生长、污水性质、溶解氧、水温、进水 pH 和毒物等因素的影响。

生物滤池的关键技术主要体现在滤料成分及其排布方式、布水方式、进水模式等方面。不同生物滤池技术在其运维要求上往往有很大的不同。因此，在生物滤池的运维上，运维人员首先要对运维对象的工作原理、技术特点有充分的了解，并掌握操作手册中的运维要求。

生物滤池运行的常见问题及解决对策如下。

1. 布水不均匀

定期检查布水器喷嘴，去除污垢，以避免喷嘴堵塞，这是运维人员的工作之一。在冬季停水期间，要避免让水在布水管中滞留，以免管道受到冻裂的损坏。要定期给旋转式布水器的轴承涂抹润滑油。

2. 滤料堵塞

生物滤池滤料常采用碎石、卵石、炉渣、焦炭、塑料等。随着运行时间的延长，滤料表面生物膜不断增加，且滤池表面会有落叶等杂物，容易造成滤池堵塞或过流阻力增大。运维人员应及时清除滤池表面杂物，对生物膜造成的堵塞可以采用将生物滤池的一部分出水回流到滤池进水处与进水混合冲洗的方式解决。对堵塞严重的滤池宜进行滤料更换，确保正常过滤。

3. 滤池有臭味

当污水中有机物浓度过高或者滤料层内微生物膜过多时，生物滤池的一些区域可能会发生厌氧反应，还可能会产生异味，滋生蚊蝇。如果产生了上面所说的这种问题时，解决的办法是尽快清理滤池中的微生物，让微生物正常脱膜并通过冲洗排出滤池；同时保证滤池通风正常，甚至可以采取临时措施增加供风，快速改善滤池内部溶氧条件；另外，运行过程尽可能避免高浓度污水的冲击。

4. 蚊蝇滋生

蚊蝇滋生是生物滤池的一大缺陷。滤池蝇是一种小型昆虫，幼虫在滤池的生物膜上滋生，成体蝇在滤池周围群集，在环境干湿交替条件下发生频繁。一般可通过以下方法去除。

①使滤池不间断连续进水。

②除去过剩的生物膜。

③隔 1~2 周淹没滤池 24h。

④彻底冲淋滤池暴露部分的内壁,如可延长布水横管,使污水能洒布于壁上,若池壁保持潮湿,则滤池蝇不能生存。

⑤铲除滤池蝇的藏身场所。

⑥在进水中加氯,使余氯为 0.5~1.0mg/L,加药周期为 1~2 周,以阻止滤池蝇完成生命周期。

⑦在滤池壁表面施加杀虫剂,杀死欲进入滤池的成蝇,加药周期一般为 4~6 周,在施药前应考虑杀虫剂对受水水体的影响。

5. 出水发黑发臭

出水发黑发臭是生物滤池效率下降的直接表现。当生物滤池的效率下降时,水中的细菌会繁殖并分解废物,导致出水呈现黑色并散发恶臭。出现这种问题有两种情况,一种是滤池系统还在正常运行,只是处理效率有一点下降,这个时候的生物膜还保存着比较好的生长情况,也就是水质没有发生剧烈变化,也没有出现有毒的污染物质,那就可能是进水 pH、溶解氧、水温等短时间超负荷运行所造成的问题。这种问题的解决办法就是等待滤池自己恢复正常就行。还有一种严重情况发生,就是出水的水质不达标,影响排放,并伴有明显臭味,这就需要采取措施,比如调整供风量来解决了。

一般可以采用以下方法避免:①系统应维持好氧条件;②减少污泥和生物膜累积;③在进水中短期加氯;④出水回流;⑤疏通出水渠道中所有的死角;⑥清洗所有通气口。

6. 冬季结冰

应避免冬天低温影响或结冰。低温会降低处理效率,结冰时可能导致生物滤池完全失效。一般可采用以下方法避免:①减小出水回流倍数,或完全不回流;②当采用两级滤池时,可使它并联运行,无回流或小回流;③调节喷嘴,使布水均匀;④滤池上风头设挡风;⑤经常破冰,并将冰去除。

(七)生物转盘

生物转盘由盘片、转轴与驱动装置、接触反应槽三部分组成,其工作原理和生物滤池基本相同，常用于小规模污水处理工程，具有污泥不易膨胀，可忍受负荷突变，脱落的生物膜易沉淀，运转费用较省等优点。

生物转盘运行过程受水质、水量、气候变化影响较大，且操作管理比较复杂，日常管理不慎会严重影响或破坏生物膜的正常工作，并导致处理效果下降，因此，在农村生活污水处理中应用较少。

生物转盘运行的常见问题及解决对策如下。

1. 生物膜大量脱落

生物转盘运行阶段，生物膜大量脱落会造成运行困难，其原因及解决对策如下。

① 进水中含有过量毒性物质或抑制生物生长的物质，如重金属、氯或其他有机毒物。此时，应首先查明引起中毒的物质及其浓度，再将氧化槽内的水排空，用其他污水稀释。最后，应设法缓冲高峰负荷，使含毒物的污水在容许负荷范围内均匀进入，如设置调节池。

② pH 突变。当进水 pH 在 6.0～8.5 时，运行正常，生物膜不会大量脱落。若进水 pH 急剧变化，在 pH ＜ 5 或 pH ＞ 10.5 时，将引起生物膜减少，此时应投加化学药剂予以中和，使 pH 保持在正常范围内。

2. 生物膜异常

当进水发生腐败或负荷过高使转盘槽缺氧时，生物膜会产生硫细菌（如贝氏硫菌、发硫菌等），并优势生长。此外，当进水偏酸性，生物膜中丝状菌大量繁殖时，盘面生物膜会出现颜色和性状异常，导致处理效果下降。针对上述问题可采取如下措施：进行进水预曝气，提高溶解氧的浓度；消除超负荷状况，可将串联运行改为并联运行。

3. 出水固体悬浮物累积

预处理设施对固体污染物去除效果欠佳时，进水中固体悬浮物会在生物转盘槽内累积，造成管道堵塞风险，积累的固体悬浮物还会在转盘槽中发酵产生臭气，影响系统的正常运行。运维人员应及时检查转盘槽内污泥积累情况，若有则应将其去除。

4. 处理效率降低

生物转盘运行处理效率低下的原因主要有污水温度、流量负荷突变，pH 波动等。运维人员应根据运行情况及时采取如设备保温、进水加热、进水负荷和 pH 调整等措施。有硝化要求的生物转盘对 pH 和碱度的要求比较严格，硝化时 pH 应尽可能控制在 8.4 左右，进水碱度至少应为进水 NH_3-N 浓度的 7.1 倍，以使反应完全进行而不影响微生物的活性。

5. 设备故障

为保证生物转盘正常运行，应对所有设备定期进行检查维修，如转轴的轴承、电机是否发热；转盘有无杂音，传动皮带或链条的松紧程度；减速器、轴承、链条的润滑情况，盘片的变形程度等。若存在上述问题，则应及时更换损坏的零部件。

第四章　　水环境与生态修复理论与技术

为了满足人类的可持续发展要求，需要重视水环境，并对水环境进行修复。本章依次介绍了水环境修复概述、水生态修复技术、水生态系统评估三个方面的内容。

第一节 水环境修复概述

一、环境修复的概念与分类

(一) 环境修复的概念

修复是通过使用外部力量使遭受损伤的物体的部分或全部恢复到最初的状态。这个过程在工业领域被广泛运用。具体而言,修复指的是恢复、重建和改建这三个方面的工作。恢复指的是通过各种方法使受损部分回复到之前的正常状态。重建是指将完全失去功能的事物恢复到它们原本的状态。改建是指对已经存在的建筑物进行部分修缮,以增强其人造特色、减弱其自然元素,更符合人类的需求和期望。修复的三个过程,如图4-1所示。

环境修复是一种采用物理、化学、生物和生态学技术和工程措施,对受污染的环境进行处理,以使环境

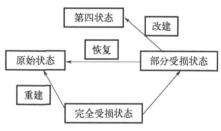

图4-1 修复的三个过程

中存在的污染物质浓度降低、毒性减弱或完全转化为无害物质,从而帮助环境恢复到原本的状态或更加健康的状态。我们可以从三个角度来理解环境修复:第一点,要确定哪些环境是受到污染的,哪些环境是健康的。当环境中的物质或能量因子的浓度超过环境的承载能力时,就会导致环境污染,并对环境造成不利影响。污染环境是指因物质过量而导致环境质量下降和生态系统功能退化的状态。与环境污染相对应的是保持健康的环境。在环境中保持自然基准的状态是最有益于健康的。但当今地球上似乎再也难找到一块未受人类活动影响的"净土"。即使人类足迹罕至的南极、珠穆朗玛峰,也可监测到农药的存在。

第二点是确定环境修复与环境净化的范围和界限。自然界具备一定的环境自我净化能力。污染并非必然发生,只有当环境无法容纳这些物质或能量因子时,才会出现污染现象。在自然环境中,有许多过程可以净化空气或水,例如

把污染物稀释，通过扩散使其分散，通过沉降让它沉淀，或是让污染物挥发为气态等物理机制。除此之外，还有许多化学机制可以发挥净化作用，如氧化还原、中和、分解、离子交换等。此外，有机生命体的代谢也可以在一定程度上净化环境。这些机制相互合作，导致环境中污染物的数量或特性发生变化，使得环境变得更加安全和健康。

环境修复和环境净化在某些方面是相似的，但也存在着不同之处。它们的共同目标是减少或降低环境中污染物的总量，或减弱它们的强度和毒性。环境净化强调的是自然环境中内部因素起作用的净化过程，这是一种自发且无意识的过程。相反，环境修复注重那些由人为、有意识的外部活动带来的清除污染物或能量的过程，这是一种主动的方式。

第三点是确定环境修复和"三废"的治理。"三废"的传统治理方式是强调点源治理，也就是说要从端点抓起，这就需要我们建造成套的处理设施，并在最短的时间内以最高效的速度使污染物无害化、减量化、资源化。环境修复是一项新兴的环境工程技术，近几十年才逐渐兴起。它的主要着眼点是面源治理，也就是治理人类活动对环境造成的污染和影响。环境修复和"三废"治理都是为了防止环境污染，但区别在于"三废"治理主要是在生产过程中控制污染的排放，而环境修复则是在环境污染发生后对其进行修复和恢复。而预防污染的措施则是在生产或环境使用前采取的措施，以预防环境污染的发生。这三者共同形成了污染控制的完整过程，并在环境中扮演着可持续发展的重要角色。

（二）环境修复的分类

依照环境修复的对象分，可分为土壤环境修复、水体环境修复、大气环境修复和固体废弃物环境修复等。其中水体环境包括湖泊水库、河流和地下水。

依照污染物所处的治理位置分，可分为原位修复和异位修复。其中，原位修复指在污染的原地点采用一定的技术措施修复；异位修复指移动污染物到污染控制体系内或邻近地点采用工程措施进行。异位生物修复具有修复效果好但成本高昂的特点，适合于小范围内、高污染负荷的环境对象。而原位修复具有成本低廉但修复效果差的特点，适合于大面积、低污染负荷的环境对象。将原位生物修复和异位修复相结合，便产生了联合生物修复；它能扬长避短，是当今环境修复中应用较普遍的修复措施。

依照环境修复的方法与技术手段分，分为物理修复、化学修复、生物修复和生态修复。环境修复的理论研究随着科学技术的发展不断深入，相应的技术手段也在不断提高，目前是从物理化学方法向生物方法逐渐发展，处在一个物理、化学、生物、生态多种方法共存的局面中。

二、水环境修复的目标、原则和内容

（一）水环境修复的目标和原则

利用物理的、化学的、生物的和生态的方法，使水环境中的有毒有害物质浓度下降，或者让其完全无害化，并能达到使污染了的水环境能部分或完全恢复到原始状态的目的，这样的一个过程就是水环境修复技术。在水污染严重、水资源短缺的今日，水作为环境因子，逐渐成为威胁和制约社会经济可持续发展的关键性因素。因此，水体修复的目标是在保证水环境结构健康的前提下，满足人类可持续发展对水体功能的要求，如图4-2所示。具体的目标如下：①水质良好，达到相应用水质量标准的要求；②水生态系统的结构和功能的修复；③自然水文过程的改善、水域形态特征的改变等。

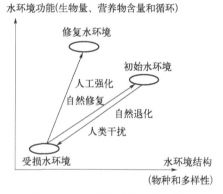

图 4-2　水环境修复目标示意图

水环境修复的基本原则如下。

（1）遵循自然规律原则　要坚持人与自然和谐相处，保护生态系统的动态平衡和良性循环；要充分发挥自然生态系统的自我修复能力，根据自然规律采取针对造成水生态系统退化和破坏的关键因素进行保护与修复措施。

（2）最小风险的最大效益原则　在对受损水生态系统进行系统分析、论证的基础上，提出经济可行的保护与修复措施，将风险降到最低程度。同时，还应尽力做到在最小风险、最小投资的情况下获得最大效益，包括经济效益、社会效益和环境效益。

(3) 保护水生态系统的完整性和多样性原则　不仅要保护水生态系统的水量和水质，还要重视对水土资源的合理开发利用与生态环境保护措施的综合运用。

(4) 因地制宜的原则　水生态系统具有独特性和多样性，保护措施应具有针对性，不能完全照搬其他地方成功的经验。

（二）水环境修复的基本内容

水环境修复的基本内容包括现场调查和设计。

水环境现场调查包括：对修复现场进行科学调查，确定水环境污染现状，包括污染区域位置、大小，污染区域特征、形成历史，污染变化趋势和程度等。除了上述之外，还需调查外部污染源范围和类型、内在污染源变化规律、积泥土壤环境形态和性质、水动力学特征等。

水环境修复设计原则如下。

① 制定合理的修复目标以及遵循有关法律法规。

② 明确设计概念思路，比较各种方案。

③ 现场调研。

④ 考虑操作、维修、公众的反应、健康和安全问题。

⑤ 估算投资、成本和时间等限制，结构施工容易程度以及编制取样检测操作维修手册等。

水环境修复主要设计程序如下。

① 项目设计计划。综述已有的数据和结论；确定设计目标；确定设计参数指标；完成初步设计；收集现场信息；现场勘查；列出初步工艺和设备名单；完成平面布置草图；估算项目造价和运行成本。

② 项目详细设计。重新审查初步设计；完善设计概念和思路；确定项目工艺控制过程；详细设计计算、绘图和编写技术说明相关设计文件；完成详细设计评审。

③ 施工建造接收和评审投标者并筛选最后中标者；提供施工管理服务；进行现场检查。

④ 编制项目操作和维修手册；设备启动和试运转。

⑤ 验收和编制长期监测计划。

第二节 水生态修复技术

一、水源涵养

根据国内外研究，普遍认同的水源涵养功能主要表现在以下几个方面。

(1) 滞洪和蓄洪功能　当下雨时，森林中的林冠、枯枝落叶层和土壤都能起到拦截和缓冲雨水的作用，以此来暂时储存多余的水资源。目前，学者在研究森林植被对洪水的拦阻效果时得出了一致的结论。然而，在对森林植被的滞洪和蓄洪效果进行定量分析时，专家们的观点存在分歧。普遍认为，蓄水量的大小受到很多方面的影响，例如植被类型、土壤质地和地质地貌类型等，因此无法做出直接而普遍的判断。

(2) 枯水期的水源补给功能　降雨时植被涵养的水源会渗入地下，并形成地下径流，这样在枯水期能够补给河流，也可以增加干旱时节江河的径流量，这是经过多国学者开展的长期观测和研究证明出来的。

(3) 改善和净化水质的功能　20 世纪 70 年代的中欧，是最早开始进行植被水源涵养对水质的研究的，起因是酸雨的不断加重，引起了学者对水质的研究。研究普遍认为，植被本身可以吸收和过滤降雨中的化学物质，降雨经过植被林冠、土壤后水中的化学成分已经发生了变化。有专家认为，森林植被的存在还可以改变河流的水质。

(4) 水土保持功能　由于植被对降雨的吸收和缓冲，直接减少了雨水对土壤的冲刷。研究表明生物量的积累可以有效地控制土壤的侵蚀。

(一) 水源涵养理论研究

水源涵养的概念最初是从森林生态系统的角度提出的，目前研究水源涵养的大多数文献仍是在探讨森林水文学的相关问题。生态学和林学领域的研究重点之一，是关注森林作为陆地生态系统的主体以及水作为生态系统物质循环和能量流动的主要载体之间的关系。目前为止，已经展开了广泛而深入的研究，探讨了森林水保功能的多个方面。森林水文过程指的是水分在经过森林生态系统的作用后所进行的流动和再分配过程。这些过程包括水的降落、被森林截留、沿着干流流动、被蒸发、通过地表径流或地下径流等方式流回大气或地下水库，从而实现生态系统的水源涵养功能。森林的水源涵养功能是由森林和水分之间相互作用的复杂过程所决定的。森林生态系统通过各种方式，如树木和树冠拦截雨水，土壤中的根系保持水分，落叶堆积层吸收水分等，有效地涵养水源。自19世纪起，德国学者开始研究土地表面的蒸发量，同时奥地利学者则开始探究森林生态系统对于降雨的截留效应以及蒸腾与蒸发过程的影响。后来的学者认为，这两项研究为森林水文学的研究奠定了基础。在20世纪后期，许多国家的学者进行了对比流域实验，以研究有林地与无林地的水源保护效果，这是最早对水源保护功能进行研究的方法。

目前，探索植被如何调整径流和维护水源功能的方式有三种：水文模拟实验、坡地小面积野外实验、水文特征统计分析。衡量水源涵养的收益有多种方法可供采用，其中包括但不仅限于土壤蓄水估算、水量平衡核算、地下径流增长法和多因子回归等技术手段。通常，研究水源涵养功能的方法可以分为两种：一是创建模型，二是通过观察研究林木对降水分配、径流和截留水文现象的影响。另外，还可以测量并比较集水区流域中未覆盖林木和覆盖林木的流量。从20世纪50年代末开始，学术专家们对森林保护水资源所带来的生态效益进行了深入研究。他们显著提升了水文理论、模拟和模型方面的研究水平，同时也在探索森林在水资源保护方面的角色和水量平衡等问题上有了一些研究成果。

通过树木的林冠层截留雨水、枯落物持水、森林土壤的水分吸收和森林林木蒸发等过程是实现林木水源涵养功能的主要途径，并且由于不同的生物量和群落结构，都有大小不一的差别，所以不同类型的森林的涵养水源的能力也各不相同。目前，在保护水源方面，研究和比较不同森林类型的水源涵养能力已成为研究的热门话题。林冠截留的研究、枯枝落叶层的研究和土壤蓄水的研究是水源涵养机理中从上到下的三个方面。

森林接收降雨时，最先接收的是林冠的截留作用。据程根伟等人的定义，林冠层是一种特殊的下垫面，其通过蒸腾和截留降雨这两种水文过程，对降雨进行了重分配。在林冠层的研究方面，国内外学者主要从三个角度进行探索：林冠截留理论、树干径流以及林冠截留模型。并且已经对所有林地类型和植被种类进行了林冠截留理论的研究。

迄今为止，国内外研究的模型归纳起来主要有3种。

（1）**经验模型和半经验模型**　需要根据已有的数据运用统计方法来建立。

（2）**概念性模型**　这种模型以经验和理念为基础，应用森林水量平衡原理来建立。

（3）**理论性模型**　建立这个模型的方法为数学物理方法或系统论方法。

枯枝落叶层可以截留部分降雨，阻止部分降雨转化为土壤水分，减少了植物的水分供应，同时也减弱了雨水降落到地面的强度，保护了土壤免受降雨的冲刷，从而减少了水土流失，可以说枯枝落叶层对水分的截留在森林植被截留拦蓄作用中占主导地位。

土壤层的拦截作用可以看作是对降雨的第三次分发。当雨水落在林地上时，它的大部分会通过土壤孔隙的渗透进入土层中，这不仅可以减轻洪水的影响，还能涵养水源，发挥着极为重要的水源保护功能。一些专家指出，土壤在生态系统中扮演了关键角色，特别是在涵养水源方面。事实上，大部分涵养的水源都来自土壤的涵养作用。土壤是生态系统中最主要的水分储存场所，同时也是最主要的降雨截留场所。据研究指出，土壤的孔隙度和非毛管孔隙会对土壤的蓄水能力产生影响。土壤通常情况下若土层较松散、物理结构较好、孔隙度较高，则它的入渗率会相对较高。研究专家发现，相比于森林土壤蓄水量，草地或露土地表的土壤蓄水量显著减少。朱劲伟则以阔叶林或松林砍伐退化为草地为研究对象，考察了草地的入渗率。结果表明，与原始林木相比，草地的入渗率仅相当于其30%~60%。学术界普遍认为，衡量水源涵养功能最重要的标准是土壤的储水能力。

（二）水源涵养功能评价

目前关于水源涵养的研究一般分为水源涵养功能的研究和水源涵养价值的研究。水源涵养功能的研究主要是定性评价水源涵养的能力，水源涵养价值量的研究是把水源涵养的能力换算为价值，以此来评价水源涵养能力。

关于生态系统服务功能的研究比较多，如生物多样性研究，土壤方面的研究，但是生态系统的水源涵养功能及其价值评估一直是其研究的一个热点问题，同时也是一个极其复杂的难点问题。

目前，国内外生态系统水源涵养功能的理论研究已趋于成熟，特别是森林，一般有两种研究方法：一种是植被区域水量平衡法，一种是根据植被不同作用层的蓄水力来计算。

（三）水源涵养林

自20世纪70年代起，发达国家一直在探究水源涵养林所带来的好处。这些研究主要集中于探究涵养林的栽种和维护技术方面。随着土地资源的日益稀缺，研究人员们开始关注如何通过采用不同的林木品种和类型来提高水源涵养林的效能，以达到更好的涵养效果。在水资源保护方面，德国是世界上最具成效的国家之一。他们遵循自然规律，种植水源涵养林，并推崇针阔混合林种植方式。同时，他们强调建设水源涵养林时要充分考虑水源地的水量，以避免林冠过度截留降雨。水源涵养林方面，奥地利和德国一样都是建设得较为出色的国家之一。自从中华人民共和国成立以来，我国就积极推广水源涵养林的种植，目的在于保护水源、预防水灾。根据陈卫的建议，在水源涵养林的建设过程中，应优先选择树冠高大、落叶丰富的树种，并采用多层次的林结构。此外，陈卫还建议采用多种不同特性的树种进行搭配种植，包括慢生和速生、阳性和耐阴树种，并确保它们相互协调生长。我国的水源涵养林建设起步相对较晚，但是发展空间很大。许多城市，如北京、上海、大连和郑州等，都已经建设了水源涵养林。

二、水质净化

我国饮用水水源主要以大的河流湖泊为主，然而，据水利部门统计，全国七成以上的河流湖泊遭受了不同程度污染。在我国长江、黄河、淮河、海河和珠江等七大水系中，已不适合作为饮用水源的河段接近40%；城市水域中78%的河段不适合作为饮用水水源。

随着生活饮用水水质标准的提高，水源水处理所面临的新挑战也日益增多。另外，城市供水系统的安全常常会因为突然发生的水质污染事件而受到严重威胁，这种事件对城市的影响往往是巨大而破坏性的。当前的研究和实践重点关注于适应原水水质的不同、满足不同的出水水质要求以及克服技术经济条件的限制等特点，探索出适宜的饮用水水源处理技术和解决方案。

按照处理工艺的流程和特点，微污染水源污染控制和水处理可以分为前期面源控制（前置库），提高水体自净能力，取水口预处理，常规处理，深度处理。

点源污染治理有所进展，但是农村和农业面源污染问题越来越突出，已经成为水体富营养化的主要来源。目前，针对面源污染治理，主要采用了两种技术：一种是源头控制技术；另一种是流向受纳水体过程中的削减技术，以避免对水体的进一步污染。这些技术包括生态过滤技术和前置库技术等。前置库技术在资金规模较小、运营管理相对简便的情况下，具有显著的优点。在欧美和日本已有多个成功应用案例，因此可以被视为一项优秀的生态工程技术，值得推广。

前置库是利用水库存在的从上游到下游的水质浓度变化梯度特点，根据水库形态，将水库分为一个或者若干个子库与主库相连，通过延长水力停留时间，促进水中泥沙及营养盐的沉降，同时利用子库中的净化措施降低水中的营养盐含量，抑制主库中藻类过度繁殖，减缓富营养化进程，改善水质。前置库净化面源污染的原理包括沉淀理论、自然降解、微生物降解和水生植物吸收等，其中微生物降解是必不可少且极其重要的环节。通过前置库中存活着的微生物群对水体中的污染物进行分解、吸收和利用。因此，微生物种群的结构和数量特征决定了前置库的处理效率。

传统的沉降系统仅是通过泥沙及污染物颗粒的自然沉淀至底，存在沉降效率较低（25%～30%）、水力停留时间长（2～20天）、污染物聚集底部无法降解进而影响水力停留时间等缺陷。新型的碳素纤维沉降系统能够充分发挥材料高效截留、吸附颗粒性污染物的优势，将沉降系统的处理效率提高30%～50%。同时依靠生态草表面的高活性生物膜对沉降的污染物进行降解和转化，减少底部沉积物的堆积，延缓沉降系统的排泥。

传统的强化净化系统采用砾石床过滤、植物滤床净化、滤食性水生动物净化等措施，存在系统堵塞、有二次污染、系统受气候影响较大等缺陷，设置碳素纤维生态草的强化净化系统能够有效弥补系统在上述情况时出现的处理效率下降的问题。

碳素纤维由于具有优良的机械性能和碳素性质的多种特点，所以在水处理方面也具有良好的性能。碳素纤维放进污染水体中后，其超强的污染物捕捉能力和生物亲和力，使附着的微生物短期内形成生物膜，通过在水中不断地摇摆捕捉污染物并进行分解处理。另外，碳素纤维发出的声波，能吸引微生物以及

图 4-3 碳素纤维生态草

捕食微生物的后生动物,甚至会成为高等水生生物的繁殖环境。根据上述所述,碳素纤维用于水处理是以水质净化和生态修复为主要目的。

碳素纤维生态草(图 4-3)是用于净化受污染水域,修复水环境生态的优良选择,目前已成功应用于世界各地的水体生态环境修复和水污染防治领域。用于水源地水质保障工程时,其实现了对环境的零负荷与可靠的生物安全,更为重要的是,它有效解决了目前水源地水质保障工程存在的难点问题,切实改善水源地水质,具有广泛的应用前景。

三、水生态补偿机制

建设我国水生态补偿制度是社会主义文明的重要内容。随着现代化工业的高速发展,我国现在已经面临着环境污染、资源耗尽、植物减少等不断加剧的问题,而水在生态环境中核心性与基础性的地位尤为突出。水是战略性资源也是基础性资源,是生态的控制性因素。尽快扭转水生态环境恶化的趋势,健全和水有关的生态补偿制度,合理利用资源,逐步实现对水的消费约束与生态保护的奖励,改善用水环境。

虽然我国对生态补偿与水相关的补偿涉及量大,但我国大部分学者在进行了针对性研究后,感觉水资源面临的问题和生态文明要求相比存在着很大距离。第一,对补偿的对象与范围没有明确。合理规划水生态补偿范围是补偿制度的重要条件。第二,水资源补偿金的来源方式单一。充足的资金投入是保证生态补偿和保护生态补偿的重要保障。从现在的资金来源看,中央财政支付是主要补偿来源。地方政府和企业单位与社会方面投入相对明显不足。都是以拨款的形式发放,直接发放到造成损失的个人和地区手中,缺点就是监管不足,不能有效地利用资金来保护生态环境。第三,水生态补偿责任制并没有完全建立。我国的水生态补偿存在主体不明履行不到位,使补偿难以展开。第四,生态补偿政策不完善。目前为止我国对水生态环境的补偿没有明确,没有一个法律规定加以保障,没有一个权威性和约束性,使补偿难以顺利实行。

为了让我国的水生态的补偿制度顺利执行下去,应该以强化明确水生态的补偿范围；加强丰富水生态补偿实践工作，增加重点区域补偿工作的延伸性；应该以加强水生态补偿的责任机制，明确和强化主体责任；应该完善强化水生态补偿政策的法律体系。通过谁开发谁保护、谁保护谁受益的办法加强保护水生态环境措施。

第三节　水生态系统评估

一、水生态系统健康评价

在全球自然生态系统（如海洋、湖泊、森林等）状况急剧恶化的背景下，20世纪80年代中期，生态系统健康作为一种新兴的生态系统管理学概念被提出来，主要研究地在北美。生态系统健康状况跟随着人们对生态系统服务功能认识的加深也受到越来越多的关注。评价和研究生态系统的健康状况对推动生态保护工作具有重要意义。在当前，有关确定生态系统健康评价的指标体系方面的研究，已经有许多国内外的学者进行了研究，但我国对于水生态系统健康评价还处于实验和探索阶段，还没有一个完全成熟的方法。

（一）生物学评价

1. 指示生物类群评价

一些自然生态系统的健康评价可采用指示物种评价法。这些指示物种在没有外界干扰的情况下，通过自然演替，逐渐适应了生态系统的环境，使它们与生态系统之间实现了和谐稳定的发展。当外部环境对生态系统造成压力时，它的构成和作用会受到影响。这些影响可能会导致某些物种的数量减少或受到破坏，进而改变这些物种的组成和功能。这些变化可以通过指示物种的结构和功能指标来检测。描述生态系统的健康状况可以通过观察生物数量、生物量、生产力、组成结构、生态功能以及相关的生理生态指标的变化情况来实现。另外，这还可以用来比较不同物种在生态系统受到威胁时的恢复能力差异。

2. 多样性指数评价

评价生态系统健康状况重要的可度量指标，环保工作者常用的评价指标都指的是 Shannon-Wiener 多样性指数（H'）。

水体中生物细胞密度和种群结构变化可以用多样性来进行描述。如果生态系统的稳定性很好，那么就表明这个群落的结构很复杂，同时这个指数值也就越高。但当水体受到污染时，就容易导致敏感的植物和动物逐渐丧失，水中生物的多样性程度下降，同时生态群落的结构也变得单一化。稳定性也会变得不可靠。

计算公式为：$H' = -\Sigma(n_i/N)\ln(n_i/N)$

上述公式中，N 为样品中的个体总数；n_i 为第 i 种的个体数。

3. 群落学指标评价

一些学者通过对海洋等生态系统健康的研究，提出了多样性-丰度关系的指标，以此来对生态系统健康的度量进行一个客观的描述。对数正态分布可以被用来表达物种多样性和物种数量之间的关系，这种关系在自然的健康生态系统中得以显现。在这样的分布里，常见的和稀有的物种都很少，但中等丰度的物种是最多的。对数正态分布的特征描述被证明具有生态学上的有效性，这是因为抽样所得到的统计特征符合该分布的规律。在极端环境下，物种的多样性和丰度分布通常会失去对数正态分布的形态。如果一个群落的多元性和群落总数的分布并不符合对数正态分布，那么这个群落或生态系统可能不太健康。

若想使用偏离对数正态分布评估生态系统的健康状况，就需确保具有足够大的样本量和充分的物种多样性，并根据情况巧妙地选择生态系统中的功能团。生态系统的健康状况可以依然使用对数正态分布来衡量其多样性水平。利用对数正态分布作为尺度，可以客观地评估生态系统的健康状况，这对于生态学研究具有重要意义。生态学原理支撑着多样性和丰度之间的对数正态关系，这种关系已被证明是评价生态系统健康的一种有效工具。然而，仍需要进行更广泛深入的检验，以确定该关系是否普遍适用。

4. 生物完整性指数法评价

生物完整性指数是用来评估水生态系统健康状况的重要指标之一，它主要考虑了生物群落的多样性和结构，这两个方面都反映了生态系统的健康状况。通过多个生物参数综合来反映水体的生物学状况，进而能够评价河流乃至整个流域的健康，这就是生物完整性指数（index of biological integrity，IBI）。所有生物参数对干扰的反应敏感程度各不相同，但它们所反映的受干扰水体的敏感程度和范围也是各不相同的。因此，仅仅依赖一个生物参数来揭示水体的健康状况和受干扰强度并不十分准确。所以，就需要用两个或多个阐述来对水体健康进行更加准确的评估，这样才能得到关于干扰强度与水体健康的关系更准确的描述。

一个有效的生物完整性指数应该能够精准地反映水生态系统的健康状态，并揭示人类活动对该系统健康的影响。它还应能够评估这些活动对水生态系统所提供服务价值的影响，并为实施有利于生态系统健康的政策和生态恢复措施提供指导。这同样是 IBI 水生态系统健康评价研究中的关键方向之一，也是急需解决的核心难题。

5. 污染耐受指数评价

污染耐受指数 PTI（即 Hilsenhoff 指数，HBI）是描述水生底栖动物对污染的耐受程度，其值越大表示水体污染越厉害，水生态系统遭受破坏越严重。

计算式为：PTI$=\Sigma(n_i \times t_i)/N$

式中，t_i 为第 i 种生物的污染耐受值；N 为样品中的个体总数；n_i 为第 i 种的个体数。

6. 均匀度指数评价

Pielou 均匀度指数（J）反映的是水体中各类生物是否比较均匀，优势种是否存在。均匀度指数值越高，物种的空间分布越均匀，生态系统稳定性就越大。

计算式为：$J=H'/\ln S$

式中，S 为种类数；H' 为 Shannon-Wiener 多样性指数。

（二）熵权综合健康指数评价

生态系统健康应包含两方面内涵：满足人类社会合理需求的能力和生态系

统本身自我维持与更新的能力。因此，在选择湖泊生态系统健康评价指标和评价方法时，应综合考虑自然因素和社会因素，宏观与微观相结合，熵权综合健康指数法即是为满足这一要求提出的。它的计算公式为：

$$EHI_C = \sum_{i=1}^{n} I_i W_i$$

式中，EHI_C 为湖泊生态系统熵权综合健康指数；I_i 为第 i 个指标的归一化值，$0 \leq I_i \leq 1$；W_i 为第 i 个指标的熵权，可由熵值法确定。熵权综合健康指数法分为以下几个基本步骤：建立评价指标体系；计算各指标的归一化值；确定各指标的熵权；计算湖泊生态系统熵权综合健康指数。

（三）灰色关联评价

河流水体状况能够通过灰色系统的方法进行评价。因为水环境质量和水生态健康评价中所收集的数据始终存在时间和空间限制，所以提供的信息不是完整和准确的。因此，我们可以用灰色系统的原理来进行综合评估，因为水域里有一部分信息已知，还有一部分信息不知或者不够明确，所以可以把水域假设成一个灰色系统，用灰色系统的原理来进行综合评价。

灰色关联评价方法基于实测浓度和标准浓度组成序列，并利用灰色关联度分析法，计算实际序列与不同标准组成的理想序列之间的关联度。可以根据关联度的不同来确定综合水质的等级。如果两个序列的关联度高，那么它们越接近参考水平。这种方法适用于对单独横截面水质进行综合评估。通过利用灰色关联度评价方法，针对具有多个断面的区域水环境质量评价问题，我们提出了一种灰色关联分析法，用于综合评价区域水质。

$$r\_ij = (\min\{a\_ki, a\_kj\} + \rho \max\{a\_ki, a\_kj\})/(1+\rho)$$

其中，r_ij 表示第 i 个对象与第 j 个对象之间的关联度；a_ki 和 a_kj 分别表示第 k 个指标在第 i 个对象和第 j 个对象上的取值；ρ 是区间隶属度的分辨系数。

（四）模糊评价

之所以在水生态系统健康评价中应用模糊数学的理论，是因为水生态系统中的水质级别、水生态状况、分类标准都是一些模糊概念，这些大量的不确定性因素都很适合使用模糊数学的概念。

应用模糊数学进行水生态系统评价时，对一个断面只需要一个由 P 项因子指标组成的实测样本，由实测值建立各因子指标对各级标准的隶属度集。如果标准级别为 Q 级，则构成 $P×Q$ 的隶属度矩阵，再把因子的权重集与隶属度矩阵进行模糊积，获得一个综合判集，表明断面水体对各级标准水体的隶属程度，反映了综合水生态健康状况的模糊性。

模糊评价法能够客观地表现水环境中的模糊性和不确定性，是符合客观规律的，也具有一定的合理性，这些都是从理论层面上来说的。但是在实际情况当中，这种方法也会出现一些问题，因为它是采用线性加权平均模型来生成的评判结果。但这种方法可能会造成评判结果失真、失效、均衡化、跃变等问题。这意味着此评价方法存在着难以准确判断水质类别以及结果难以比较的困境，并且其评价过程烦琐，难以实施。因此，需要深入探究如何应用模糊理论对水生态系统的健康状况进行评估，并着重解决权重分配和保证可比性两个关键性问题。

二、水生态系统服务价值评估

（一）水生态系统服务的内涵与分类

1. 水生态系统服务的内涵

理解水生态系统服务的实际含义有助于我们更加精确地把握它们的意义，并有助于我们进行对它们的数据统计和经济估算。关于生态系统服务的定义，许多学者进行了大量的研究，具有代表性的包括：生态系统服务是指自然生态系统及其物种所提供的能够满足和维持人类生活需要的条件和过程；生态系统服务是指人类从生态系统功能中获得的收益；生态系统服务是提供满足人类需要的产品和服务能力的自然过程和组成。"千年生态系统评估"在总结前人工作的基础上对生态系统服务进行定义：人类从生态系统中获得的收益，并将生态系统服务分为供给服务、调节服务、文化服务和支持服务4大类。水生态系统服务是生态系统服务重要组成部分，基于上述学者对于生态系统服务的定义，可以将水生态系统服务定义为：水在水生生态系统与陆生生态系统中通过一定的生态过程来实现的对人类有益的所有效应集合。

根据上述定义，从对象、载体、实现途径和最终对人类的效应4个方面而言，水生态系统服务具有以下特点。

① 水生态系统是相对于人的需求来说的。这是对人类的服务。水生态系统的服务对象是人类，享用者也是人类。人类对水资源的需求主要涵盖生产和生活用水以及各类水产品。

② 如果从生产来源来看，无机环境资源和生物环境资源的服务会产生一些载体变化，这同样就会引起水生态系统服务的内涵的变化。水生态系统服务的种类和质量都会受水量及水质的变化的影响。

③ 由水的生物理化特性和其伴生过程中提供的服务就是水的基本生态服务，而由水生产的生态经济效益的服务就是水的生态经济服务，这两种服务共同构成了实现水的生态系统服务的两个途径。气候调节服务、氧气生产服务、空气净化服务、泥沙推移服务、荒漠化控制服务、保护生物多样性服务、初级生产服务、提供生境服务、水资源调蓄服务的实现主要决定于水体自身的结构和功能。这9项服务的生成是指它们的实现过程，它们并不需要依赖于人类的社会经济活动来实现，而是属于水体自身的功能和效益。其他服务必须与人类的社会经济活动相结合才能实现，例如渔业产品生产服务需要依靠渔业经济活动的参与。大规模工业生产和其他生产性活动必须提供生产和生活用水服务。利用水力发电可以创造生态经济效益。

④ 水生态系统服务对人类的影响是积极的，从最终结果来看，有益于人类。由于水的特性包括利弊并存、分配变异和可溶性等，因此除了对人类环境产生积极的影响外，水也有可能产生一些负面影响。水的负面影响指的是水在人类社会、经济和环境方面所产生的危害，包括水灾、水患和水污染等问题。因而，本处提及的水生态系统服务，是指水所带来的益处或积极影响。

2. 水生态系统服务的分类

对水生态系统服务进行科学分类是进行水生态系统服务价值评估的理论基础。水生态系统的服务种类繁多，研究表明，不同学者对这些服务类型的分类存在差异。目前还缺乏统一、被广泛认可的分类标准和评估方法来衡量水的生态系统服务和价值。基于先前学者对生态系统服务分类的体系，我们可以将水生态系统服务分为三大类，即供给服务、调节服务和美学服务，共包含16项具体服务效益。这一分类是基于对水在生态系统中的作用和表现形式的综合考量。水生态系统可以向人类提供基本物质的服务，其中包括生产和生活用水、水力发电、渔业产品三种服务。生态系统可以通过一系列生态过程提供多种水资源调节服务，这些服务包括调节气候、制造氧气、净化空气、调节泥沙、防止荒漠化、自净水体、维护生物多样性、促进初级生产、提供生态环境和调节水资源10项服务。美学服务指的是水生态系统所提供的非物质性收益，通过丰富人类的精神生活、提高认知能力、促进大脑思考、提供娱乐和美学欣赏等方式，来实现这些收益。例如旅游娱乐、文化活动和知识扩展服务等都属于美学服务的范畴。

（二）水生态系统服务价值构成与评估方法

1. 水生态系统服务价值构成

水生态系统服务价值可以被定义为，人类从水生态系统及其生态过程中获得的满足程度。除了对工业、农业和电力等基础产业的天然贡献之外，水生态系统服务价值也因其有用性和稀缺性而蕴含潜在价值，包括利用价值和非利用价值。

（1）利用价值　水所提供的生态服务价值可以分为直接价值、间接价值和选择价值。被直接用于满足消耗性或非消耗性目的的，被称为直接价值。水可以作为生产要素投入人类的生产活动，满足工业、农业和居民的生活需求。这种价值体现为水的直接使用。间接价值意味着水被用作生产消费者最终购买的产品或服务的中间投入。水能间接促进人类生存和发展所需的生态环境条件。水的生态系统服务的间接价值在于满足生态系统正常运作的需要，例如水的自净、抑制荒漠化、供给清新空气和洁净水等，从而减少健康风险。具体来说，间接价值的大小取决于人们在不同发展阶段对水的生态系统服务功能的认识水平、重视程度以及为此支付的意愿强度。选择价值指的是人们愿意用一定的支付意愿来保留某种服务的潜在利用价值，以便将来自己、子孙后代或他人可以直接或间接地受益。

（2）非利用价值　非利用价值指的是水所提供的生态服务经济价值，这些价值不受当前人类利用的影响，而是与子孙后代未来可能的利用有关。同时，这些价值也不仅限于人类利用，还包括水本身的遗产价值和存在价值。水还拥有一种价值，称为非经济价值，这是指其固有的、不可替代的内在价值，可以满足人类未来潜在的需求。水也能传递文化和教育的价值。人类文明的进程中，水文化的内涵已经积累得非常丰富。从一个民族被一条江河所养育，到一种文明在江河沿岸诞生，再到与水相连的风俗习惯和涉水的休闲方式的变迁，所有这些都构成了一种独特的文化。此外，水作为自然物质，还被认为是拥有灵性的，能够为文学和艺术的创作提供丰富的创意灵感。

2. 水生态系统服务价值评估方法

水生态系统服务价值评估的目的是在保持文字意思不变的前提下，将水生态和水环境问题纳入现有的市场体系和经济体制，同时考虑政府政策，以促进人类与水之间的和谐关系。近年来，学者们对生态系统服务价值的评估方法进行了广泛的研究，其中涌现出了许多有代表性的方法，如 Mitchell 等人提出的环境价值评估方法以及基于生态、环境和资源经济学的研究成果提出的替代市场技术和模拟市场技术评估方法。这些方法的出现为生态系统的可持续发展提供了重要的参考依据。参考生态系统服务价值评估方法，通常用来评估水的生态系统服务价值，目前存在三种主要的评估方法。第一种常用于市场估值的方法是基于以下几种标准：市场价值、替代成本、机会成本、影子工程、人力资本以及防护和恢复成本。第二种称为替代市场估价法的方法，包括旅游支出法等。第三种方法是利用模拟市场价值的方式进行估值，其中包括使用条件价值法。常规市场评估法适用于那些可以使用市场价格来衡量水生态系统服务功能的价值的情况；替代市场评估法适用于那些没有直接市场交易和价格，但可以寻找到类似服务的市场价格来进行价值评估的水生态系统服务功能；而模拟市场价值法适用于那些无法在市场上找到实际价格进行评估的水生态系统服务功能的价值评估。

第五章　城市河流水环境修复

本章分为五部分内容，依次是河流生态系统构成和功能、河流环境修复基础与技术体系、河流外源污染控制与治理、河流的原位水质净化、河流水生态修复与重构。

第一节　河流生态系统构成和功能

河流是汇集和接纳地表和地下径流的场所及连通上下游水体的通道。河流生态系统是陆地生态系统和水生生态系统间物质循环的主要连接通道，主要受到河流形态和河流水文条件、流域内土地覆被和利用状况等的影响。

一、河流生态系统的构成

河流生态系统是指河流的生物群落与周围环境构成的统一整体，由河道水体（含河床）和河岸带两部分系统组成。河道水体生态系统的主要组成部分包括生活在河床内的水生生物和它们所依赖的生存环境。河岸带生态系统是一个位于陆地和河流之间的过渡地带，由岸边生长的植物、栖息和迁徙的鸟类以及其生存环境组成。它在陆地生态系统和河流生态系统之间扮演着重要的角色，促进它们之间的物质、能量和信息的交换。作为河道水体运动的边界条件，河岸带在维持河道稳定方面扮演着至关重要的角色。

非生物环境和生物环境两大部分共同组成河流生态系统。

（一）非生物环境

非生物环境由能源、气候、基质和介质、物质代谢原料等因素组成，其中能源包括太阳能、水能；气候包括光照、温度、降水、风等；基质包括岩石、土壤及河床地质、地貌；介质包括水、空气；物质代谢原料包括参加物质循环的无机物质（C、N、P、CO_2等）和联系生物和非生物的有机化合物（蛋白质、脂肪、碳水化合物、腐殖质等）。这些非生物成分是河流生态系统中各种生物赖以生存的基础。

（二）生物环境

河流的生态体系包括了生产者、消费者和分解者，这三种生物形成了河流生命群落的基本架构。自养生物中的生产者主要是指那些可以利用简单无机物质合成有机物的生物，这些生物能够通过光合作用来制造出初级的碳水化合物，再进一步合成维持自身活动的脂肪和蛋白质，比如一些大型植物（漂浮植物、挺水植物、沉水植物等）、浮游植物、附着植物和某些细菌等生物。消费者是不能用无机物制造有机物质的生物，称异养生物，主要包括各类水禽、鱼类、浮游动物等水生或两栖动物，它们直接或间接地利用生产者所制造的有机物质，起着对初级生产物质的加工和再生产的作用。分解者皆为异养生物，又称还原者，主要指细菌、真菌、放线菌等微生物及原生动物等，它们把复杂的有机物质逐步分解为简单的无机物，并最终以无机物的形式还原到水环境中。

河流中的生物群落经由食物链紧密地联系在一起，食物链是指植物所固定的太阳光能量通过取食和被取食在生态系统中的传递关系。一般认为食物链越简单，生态系统就越脆弱，越易受到破坏。

二、河流生态系统的功能

河流生态系统在许多方面都发挥着重要的作用，例如维护水生生物的栖息环境、调节当地气候、提供地下水补给、进行泄洪和雨洪调节、排水、输沙、创建美景和传承文化等。这些都是由于河流生态系统的特定组成和结构以及生态过程所造成的结果。河流生态系统的服务功能可以根据不同的分类方式和作用性质进行细分。依据其组成特征、结构特点、生态过程以及效益，我们可以将其划分为调节支持功能、环境净化功能、提供产品功能和娱乐文化功能。这样划分能够更好地揭示河流生态系统为人类社会提供的各种服务和价值。

（一）调节支持功能

河流系统的调节支持功能，一方面主要表现为河流生态系统对灾害的调节功能和生态支持功能；另一方面河流生态系统为河道及河岸的各种动植物提供了其生存所必需的淡水和栖息环境。

河流生态系统的调节作用主要表现在减缓洪水、缓解干旱以及运送沉积物等方面。作为一条河流，它不仅可以接纳大量的洪水，还能进行河道治理、水资源调配和沙子输送。在洪水来临时，河流两岸泛滥的区域能够起到蓄水的作用，通过自我调节水文循环，来减缓水的流速，降低洪水的峰值，从而减轻洪灾对陆地的影响。相对于其他季节，干旱季节的河水可以被用来进行灌溉。河流生态系统发挥着重要的生态支持功能，包括但不限于调节水文循环、调节气候、补给地下水、涵养水源等，这些功能有助于维持生态系统的稳定性。

（二）环境净化功能

通过自然的物理和生物化学反应，河流生态系统有能力在一定程度上清除径流带入河道的污染物，这包括自然稀释、扩散和氧化等方法。在河流生态系统中，植物和微生物能够通过吸附水中的悬浮颗粒、有机物和无机物等营养物质来满足自身需要，并根据需要有目的地选择性地吸收、分解、转化或释放氮、磷等养分。水中的生物能够以机械或生物化学方式分解和切割有机物，将其吸收、处理或排出。这些生物通过摄食、吸收、分解、组合和氧化还原作用，在河流生态系统中促进化学元素的不断循环。这个过程有效地避免了物质过度积聚、导致污染的问题，从而保证了河流生态系统中各种物质的循环和再利用。一些有害物质在被生物吸收和分解后，会被消除或减少，从而让河水的质量得以保持。靠近海岸的植被可以减缓地表水的流速，有助于泥沙沉降，并拦截水中溶解和悬浮的有机和无机物质。此外，它还有助于分解和转化许多有毒有害的化合物，使它们变成无害甚至是有用的物质。

（三）提供产品功能

在河流生态系统中，自养生物（如高等植物和藻类等）使用光合作用将二氧化碳、水和无机盐等化合成有机物质，并将太阳能转换为化学能，以此储存能量。随后，异养生物将初级生产者制造的有机物质作为食物进行消费、加工和再生产，从而形成了次级生产。这些初级生产和次级生产过程使河流生态系统蕴含着大量的水生植物和水生动物，为人类提供了丰富的产品。

（四）娱乐文化功能

河道及河岸生态系统具有美学、艺术、文化、文体休闲等方面的价值，为城市居民提供独特的休闲、娱乐、文体活动的场所。通过将河道森林、草地景观和河滩、湿地景观有机地融合起来，形成了"高地-河岸-河面-水体"格局，水流与岸边、鸟鱼与植被在运动和静止间交相呼应。河流的独特生态系统特点能够深刻地影响人们的审美倾向、艺术创作、感性认知以及理性思维。

第二节　河流环境修复基础与技术体系

一、城市河流环境修复的基础

(一) 水环境容量理论

污染物进入河流后，经由水体中发生的物理作用、化学反应、生物吸收和微生物降解等，可以实现污染物的自然净化。水体的这种自净能力使其具备了一定的水环境容量。水环境容量是由水环境系统结构决定的，是表征水环境系统的一个客观属性，是水环境系统与外界物质输送、能量交换、信息反馈的能力和自我调节能力的表现。在实践中，水环境容量是水环境目标管理的基本依据，是水环境保护的主要约束条件。

1. 基本概念与分类

水环境容量是在满足水环境质量目标的条件下，水体所能接纳的最大允许污染物负荷量，又称水体纳污能力。在《全国水环境容量核定技术指南》中的定义为：在给定水域范围和水文条件，规定排污方式和水质目标的前提下，单位时间内该水域最大允许纳污量，称作水环境容量。水环境容量的确定是水污染物削减的依据。

根据不同的应用机制，水环境容量可分为如下几类（图5-1）。

水环境的目标可以划分为两种：自然环境容量和管理控制容量。这两种方法都以水体的允许污染量作为水环境容量的考虑因素，但前者的水质目标是基于水体中的污染物基准值，后者则是基于水体中污染物的标准值设定。环境容量管理在考虑水体自身属性的基础上，还将人为限制和社会因素的影响考虑其中。

根据污染物性质的不同，水环境容量可以被划分为：可降解有机物水环境容量、难降解有机物水环境容量以及重金属水环境容量。因为可降解有机物本身可以在水体中被分解为氧，因此其环境承载能力较强，也被称为耗氧有机物。保守性污染物包括难降解的有机物和重金属，它们具有极高的耐久性，并且在水体中无法被有效分解，因此需要格外谨慎地管理和控制这类污染物的排放，以维护水环境的容量。

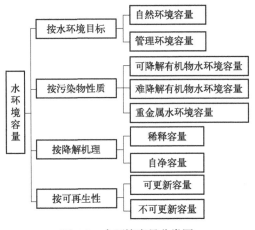

图 5-1 水环境容量分类图

依据污染物降解机理，水体的可承载能力可被划分为两种类型：一是稀释能力，二是自净能力。稀释容量指的是在限定水域中，通过水体稀释作用使得水污染物浓度达到水质目标所需的最低水平。这种稀释作用可承受最大的污染负荷量，在满足水质目标的前提下，尽量减少对环境造成危害的污染物排放。自净容量是指在不改变水的质量目标的前提下，由于沉降、生化、吸附等物理、化学和生物作用，水体所能够自然净化的污染物的数量。

根据其可再生性可分为可更新容量和不可更新容量。不更新容量指的是之前提到的水体具有的对污染物进行自我净化并能够持续利用的能力，但是如果过度使用，同样会导致水环境的污染。不可更新容量指的是水体仅能承受无法分解或只能轻微分解的污染物的限度，必须保护这种容量，使污染物在源头得到控制。

2. 影响要素

影响水域水环境容量的要素很多，概括起来主要有以下 4 个方面。

（1）**水域特性** 水域特性是确定水环境容量的基础，主要包括：几何特征（岸边形状、水底地形、水深或体积）；水文特征（流量、流速、降雨、径流等）；

化学性质（pH值、硬度等）；物理自净能力（挥发、扩散、稀释、沉降、吸附）；化学自净能力（氧化、水解等）；生物降解（光合作用、呼吸作用）。

（2）环境功能要求 各类水域一般都划分了水环境功能区，不同的水环境功能区对应着不同的水质功能要求。水质要求高的水域，水环境容量小；水质要求低的水域，水环境容量大。

（3）污染物质 不同污染物本身具有不同的物理化学特性和生物反应规律，不同类型的污染物对水生生物和人体健康的影响程度不同。因此，不同的污染物具有不同的环境容量，但具有一定的相互联系和影响。

（4）排放口位置与排污方式 水域的环境容量与污染物的排放位置与排放方式有关。一般来说，在其他条件相同的情况下，集中排放的环境容量比分散排放小，瞬时排放比连续排放的环境容量小，岸边排放比河心排放的环境容量小。因此，限定的排污方式是确定环境容量的一个重要确定因素。

（二）河流生态需水理论

保障河流生态需水量是保障河流自净能力，发挥河流自然功能和生态服务价值的基础。

河流生态需水量是维持河流水生生物的正常发育及河流系统的基本动态平衡、维持相应水质水平所需要的水量。根据河流生态需水的定义，广义上讲是维持水热平衡、生物平衡、水沙平衡、水盐平衡等所需要的水；狭义上讲是指为维护生态环境质量不恶化并逐渐改善所需的水量。

常用的河流生态需水量计算方法主要包括：水文学法、功能法和生境法等。

（三）河流生态健康理论

生态学是研究生物体与其周围环境（包括非生物环境和生物环境）相互关系的科学，而河流生态学是研究河流中水生生物群落结构、功能关系、发展规律及其与周围环境（理化、生物）间相互作用机制的理论科学。河流生态学研究的重点是河流生命系统与生命支持系统之间的复杂、动态、非线性、非平衡关系，其核心问题是生态系统结构功能与重要生境因子的耦合、反馈相关关系。这里所说的重要生境因子是指：水文情势、水力学特征、河流地貌等因素。

河流生态健康理论是伴随着人们对河流生态环境退化的关注而产生的。它是人们从水质、生物以及生态等众多角度更好评估河流生态系统状况，进而改善河流管理的一种河流管理评估工具和技术手段。

1. 河流生态健康的内涵

生态系统健康是指系统具有活力、稳定和自我调节的能力，可以指为生态系统的生存和发展提供持续良好的生态系统服务功能。生态系统健康包含两方面内容：满足人类社会合理要求的能力和生态环境自我维持与更新的能力。

生态系统健康首先要保持结构和功能的完整性，保证生态系统服务功能，这样才具有抗干扰力和干扰后的自我恢复能力，才能提供长期的生态服务。一般认为，生态系统健康是指生态系统处于良好状态；生态系统不仅能保持化学、物理及生物完整性，还能维持其对人类社会提供的各种服务功能。著名生态学家R.Constanza（R.康斯坦萨）提出的生态系统健康概念涵盖了6个方面，即自我平衡、没有病征、多样性、有恢复力、有活力和能够保持系统组分间的平衡。

因此，河流生态健康是基于河流管理而提出的一种评价河流状况的概念，用以综合评判河流在某一特定时段所呈现状态，在此基础上判断河流生态系统是否能够维持自身的生态环境功能正常发挥，以及满足人类社会各种活动的需求，从而为受损河流生态修复和流域水资源管理提供决策依据。

2. 河流生态健康评价

随着河流生态健康理论的不断发展，许多国家陆续开展了河流生态健康状况评价，且针对这一评价分别提出了不同的内容和指标。在河流健康评价中，常以原始状态或者极少干扰的状态作为参考，来制定评价标准。

河流生态健康的评估方法可以根据评估指标的不同内容分类为两种方法：一种是采用指示物种法，另一种则是基于结构功能指标法。

指示物种法是一种有效的方法来评估河流生态健康状态，但需要进行大量生物数据和生物环境变量关系的研究以支撑其评估河流环境状态的能力。在没有足够的生物数据和相关研究支持的地区，使用该方法会受到限制。

通过综合多项指标，结构功能指标法可以全面反映河流系统的结构和功能状态，反映其各个方面的过程和特征。通常，这种方法分为对单一指标评估和使用指标体系进行综合评估。单一指标评估是指选择最能反映系统健康状况的指标来评估河流系统。然而,因为单一河流健康指标对流域内所有干扰都十分敏感的情况几乎不可能存在,因此该指标很少被采用。利用跨学科的多个指标来构建综合评价体系,可以弥补只利用指定物种的方法不能全面评估河流健康状况的缺陷。这种方法能够提供更准确的评价结果。由于这种指标体系涵盖了多种指标,每种指标反映河流健康的不同方面,从而能够全面地揭示河流生态系统存在的问题,并增进我们对其复杂性的理解。综合评价法日益受到许多国家的青睐,因此可视为未来河流健康评价的一种主要趋势。然而,从现有情况来看,这种评价方法存在着一些缺陷。由于河流系统自身的复杂性,每个指标体系都包含了大量指标,这增加了评价工作的难度和工作量,并影响了指标体系在推广使用方面的效果。

3. 河流生态健康与河流管理

评估河流生态健康是为了评估河流管理的综合状况,它包括对河流生态系统结构和功能的全面评估,为河流管理提供决策依据。这两个事物在以下几个方面展现出了关联。

① 河流管理的基础在于掌握河流生态系统的结构和功能状态,预测河流可能的演变以及生态健康状况发展趋势。因此,开展河流生态健康状况研究至关重要。要有效地管理河流,必须先对现有河流情况进行深入了解,分析各种内外因素对河流生态健康的影响,并预测未来发展趋势。接着,需要采取针对性措施,以维护河流的良好运转状态。在开发利用、综合整治和修复河流的过程中,我们需要首先关注河流生态的健康状况,并进行相应的调查研究。有效地管理河流,旨在维护河流生态的健康状况。

② 保障河流生态的健康是确保河流生态系统正常运转的核心基础。唯有生态系统处于良好状态,才能充分提供持续稳定的生态系统服务。河流管理的主要目标是通过最佳化河流的各种功能,推动环境、资源和社会经济的可持续发展。因此,维护河流的生态健康,使其能够正常地发挥作用,是河流管理的方向。河流科学管理对于维持河流生态健康至关重要。

③ 河流管理是保护河流生态健康的关键方法,能够确保河流运转良好并发挥其功能。这为保障河流健康状态提供了重要保障。科学的河流管理可以筑牢河流生态健康发展的基石,为之提供更加优越的发展条件。当河流生态系统遭

到损害时,应立即实施修复措施,同时强化对河流的管控,以确保修复措施能够得到充分实施,从而迅速恢复河流的生态健康状态。只有通过优化和高效的适应性管理,河流才能保持其健康和可持续的状态。

二、城市河流环境修复技术体系

城市河流环境修复技术有很多种类,每种技术都有其独特的技术和特点。另外,因为河流所在地区的经济发展水平和河流自身的水源水质和污染情况各有不同,因此不同的技术措施在治理效果、经济效益和环境效益方面也会有所差异。就目前而言,还没有一个完整的城市污染河流环境修复技术体系,而且缺乏技术选择的标准和准则。因此,许多城市环境河流修复工程中的修复技术选择和应用缺乏科学依据,更多地依赖于主观判断。目前,针对城市河流的不同污染程度,环境修复所采用的治理技术主要侧重于对于特定时期某一段河道的治理。

因此有必要系统梳理国内外城市河流污染治理的技术及其实践,形成系统的城市河流修复的技术体系,进而从技术、经济和社会特征角度出发进行适用技术的筛选,指导城市河流的修复和管理。

(一)城市河流环境修复技术分类

城市河流环境修复技术种类繁多,不同技术对于不同类型的河流以及不同的污染物类型,其净化效果也各不相同。从不同分类的角度,各类河流环境修复技术的分类也不同。在此借鉴国内外城市河流修复经验,从河流修复的阶段性目标出发,总体上将其分为城市河流水质修复技术以及城市河流生态系统修复和重构技术。

城市河流水质修复技术又可从原理出发,分为物理技术、化学技术、微生物技术和生态技术;根据污染河流的处理系统与河流的相对空间关系,可分为河流外源污染控制与治理、河流原位水质净化、河流水质旁位(路)处理三类。

1. 基于技术原理的水质修复技术

城市河流水质修复技术根据处理技术原理的不同,可分为物理技术、化学技术、生物技术和生态技术，这也是目前国际上采用最多的河流修复技术分类方法，其体系如图 5-2 所示。

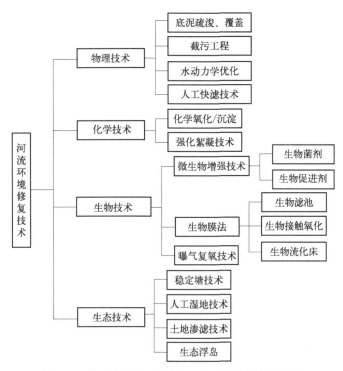

图 5-2　基于技术原理的城市河流环境修复技术分类

物理法主要包括底泥疏浚、底泥覆盖、截污工程、水动力调控，以及旁位处理中的过滤技术等。物理法治理会对改善河流水质，减轻河流的黑臭，提升城市河流景观功能起到良好的作用。但是物理法需要建造大型的构筑物或进行相应的工程，费用较高，影响范围大，如底泥疏浚不当很可能造成二次污染，也受到当地水利、水文条件的限制。

化学法主要是指向污染水体中投加化学药剂，通过药剂与污染物质发生化学反应，使水体中的污染物得以去除的一种方法，主要包括强化絮凝、化学氧化和化学沉淀等。所使用的化学药剂主要有铁盐和铝盐等混凝剂、过氧化钙等氧化剂和生石灰等沉淀剂，目的在于去除水中目标污染物悬浮物，提高水体透明度。使用化学法时，要避免其对生态系统的负面影响。

生物技术是利用生物的生命活动，对水中污染物进行转移、转化及降解作用，从而使水体得到净化。生物修复技术主要包括投放生物菌种或微生物促生剂、生物膜法和曝气复氧技术。之所以将曝气复氧技术归入生物修复技术，主要是因为曝气复氧技术虽然本身是通过物理作用向水体中充氧，应属于物理技术，但曝气复氧技术产生的作用是恢复和增强水体中好氧微生物的活力，使水体中的污染物质得以净化，从而改善河流的水质，主要属于微生物作用，所以归入微生物修复技术范畴中。

生态技术主要是利用自然处理系统、土地和植物等对水中污染物进行降解和去除，从而使河流水体得到净化。其主要包括稳定塘技术、人工湿地技术、人工渗滤技术和人工浮岛技术。

2. 基于空间关系的河道环境修复技术

（1）**河道外源污染控制与治理**　主要是指在各种水环境污染物产生的源头进行控制，或者将其收集后进行集中的污水处理，控制污染物的入河，主要包括污水集中处理、工业污染的源头控制（产业结构优化、企业清洁生产、产业的循环经济）、污水收集和截污技术、分散入河污水的处理和城市地表径流污染控制等。

（2）**河道原位净化**　污染河流的异地处理方法虽然具有处理效率高、处理水可以回用等优点，但工程建设投资较高，对于污染负荷较轻或水量较小的河流，可以在河道内进行原位净化。污染物入河后的处理，一般来说所用技术或者为周期性去除水体内源污染的技术（比如底泥疏浚和底泥覆盖），或者是为提高河流流态的技术（比如河流结构优化与水动力调控），或者为提高水体自净能力的技术（比如曝气复氧、生物膜和生态浮床），或者是应急性的技术（比如投加化学药剂或生物菌剂）。

（3）**河道旁位处理**　污染河流的原位净化虽不需要另建管网系统，全部河水在河流内直接处理，但受河流容积的限制，以及水流速度、水力冲刷等因素的影响，一些原位净化法，如投菌法、生物膜法等往往效果难以持久保持。河流的旁位处理技术是在河岸带上建设污水处理系统，将河水分流其中进行单独处理，如建于河岸上的人工湿地处理系统、氧化塘以及多种形式的生物床或生物反应器等。在实际应用中，还可以将各种技术进行改造，或将多种技术进行灵活组合，净化后的水再返回河流，以达到高效低耗净化河水的目的。这种旁路处理法介于异地处理法和原位净化法之间，既可保证污染河水得到充分有效的处理，保障河流原有各功能的作用，又不必兴建大规模的管网。

旁路处理法起着人工强化河岸带的作用,是目前受污染河流治理中值得关注的一条新思路,欧洲、美国等发达国家和地区一直非常重视河岸带的生态缓冲作用。

河流水的原位净化或旁路处理法,适用于主要外源已经截除,现状受污染相对较轻的河流。在污水收集、污染源控制等方面存在突出问题的地区,大量缺乏必要处理的各种类型污水被混合排放进入城市河流,使河流遭受严重污染。污染河流水的水质一般介于生活污水与工业废水之间,所以一些生活污水的处理工艺和工业废水的处理技术都可以经过适当改造后用于河流水质的原位和旁位处理中,但这些技术都必须具备处理效果良好、运行维护方便、不影响河岸边环境和居民生活、造价适当、运行经济可靠等优点。

(二)城市河流环境修复的技术路线

这里从时间(不同治理修复阶段)、空间(异地、原位)和技术原理角度对城市河流治理技术进行梳理,提出修复城市污染河流的技术路线,如图5-3所示。

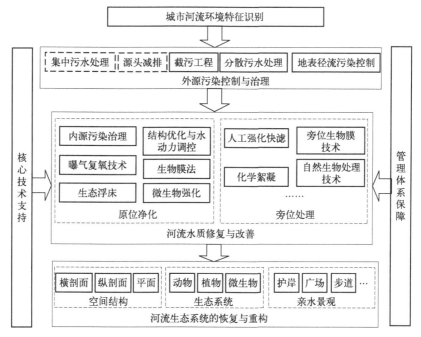

图5-3 城市河流环境修复技术路线图

城市污染河流治理和修复是个长期的工作，可以分阶段有针对性地进行，一般可分为4个阶段。

1. 城市河流环境特征识别

城市污染河流环境特征主要是河流水质、水生态状况和污染物排放特征。首先需要开展河流水文、水质、生态的全面调查，识别城市河流的水生态环境特征，鉴别城市河流水体的重点污染物；同时需要识别出各种类型的污染物排放和处理现状，确定重点污染源及其排放特征，有针对性地确定修复目标。对于污染源及其类型的准确识别和排放状况的分析是解决城市河流水环境问题的关键。通常应对影响城市水环境质量的污染源按照点源和非点源进行分类，并重点关注由于人为原因已产生或未来规划要增加的污染源及其负荷。污染源的调查包括河道排污口调查、生活污水污染调查、工业废水污染调查、固体废物污染调查、大气干湿污染沉降调查、地表径流污染调查、航运污染调查和底泥污染调查等。

2. 外源污染控制与治理

入河外源污染的控制与治理是河流水环境修复之本，包括污染物的源头减排，集中污水处理，沿河截污工程，分散入河污水的处理，以及城市降雨径流污染的控制等。入河外源污染的控制与治理的核心就是尽可能多地将污染物削减于进入水体之前，尽可能多地减少入河污染源。鉴于包括产业结构优化、企业清洁生产和循环经济等在内的污染物源头减排策略和技术以及城市污水集中处理技术各自自成体系，并且都有相应的研究，本书就不再赘述。入河截污工程是城市河道治理修复工程中的重要组成部分，主要包括污水的收集技术以及截污设施等，现今污水收集的最主要方式还是重力收集，下面章节会介绍污水收集的其他方式，它们可以作为污水重力收集方式的补充；也将对不同的城市河流截污技术进行归类。对于那些由于各种原因还无法纳入集中污水处理厂进行处理的分散入河污水，也需要结合其分散的特点采取适当的技术进行就近处理，或就近回用，或出水返回河道，补给城市河流的生态需水。城市地表降雨径流污染也已成为城市河流的主要污染源之一，下面章节也将论述基于城市低影响开发LID（low impact development）的城市降雨径流控制的最佳管理措施BMPs（best management practices）技术。

3. 城市河流水质修复与改善

在城市河流外源污染控制与治理的基础上，就需要开展城市河流的水质修复和改善。河流水质修复与改善技术总体上按照空间位置分类可分为异地处理（主要是外源污染物的控制与治理，上面已经论述）、旁位处理和原位净化。河流原位净化即指在河道本身进行水质修复技术，主要包括内源污染治理、河流结构优化与水动力调控、曝气复氧技术、生物膜技术、生态浮床、微生物强化技术等。河流的旁位处理是指利用河道旁边的空间采用不同的水质净化技术改善河流水质，所用的技术主要包括人工强化快滤技术、化学絮凝技术、旁位生物膜技术以及自然处理法（稳定塘、人工湿地和土地处理）等。河流的原位净化和旁位处理技术是河流治理与修复的重要途径，是城市重污染河流治理和修复的必要措施。

4. 河流生态系统的恢复与重构

经过外源污染控制和河流的原位净化和旁位处理后，污染河流的水质将得到大幅度的改善，水体自净能力也得到相应的提升。这时应该开展河流自身生态系统的恢复与重构，包括生态河流结构的构造和健康水生生态系统生物链的构建。河流生态系统恢复的基本目标是促进生态系统自我维持和陆地、缓冲区与水生态系统间相互联系的出现，保护河流的生物完整性和生态健康。生态河流结构的构造从横剖面、纵剖面和平面三个角度进行设计，以自然为轴线，减少人工痕迹，模拟自然河流的形态，通过浅滩、深塘、岛屿、洼地等多种形式，尽量利用现状植被，并配以滨水带植物，建成人工的自然生态走廊和动植物适宜的栖息环境，形成自然流动的河流。健康生态链的构建是指包括动物、植物和微生物等生物群落为主体的生物链的恢复。河流生态系统生物群落的恢复包括水生植物、底栖动物、浮游生物、鱼类等的恢复。在河流水体污染得到有效控制以及水质得到改善后，河流生物群落的恢复可通过自然恢复或进行简单的人工强化，条件合适时可采用人工重建措施。生态河道亲水景观的营造也是这个阶段的重要任务，主要结合居民的景观、文化、休闲、教育等需求，通过亲水护岸、亲水广场、亲水步道等建设为居民营造一个乐水、近水、戏水的场所。

第三节　河流外源污染控制与治理

过量纳污是造成当前城市河流环境污染与生态破坏的最根本原因。而解决城市河流环境问题的根本方法是限制河水污染物的输入，实施流域污染源的源头管控和污染减排工程。外源污染的控制要根据河流修复的水质目标，进行水体污染物的总量控制。首先基于城市河流的水环境保护目标和水体自然条件，计算城市河流的允许纳污负荷；其次基于社会、经济和自然等条件，公平合理地将允许纳污负荷分配给各个入河污染源；最后根据各个污染源分配的污染负荷，采用相应的技术控制和削减其入河污染负荷，以达到河流水质保护目标。

城市河流外源污染控制与治理涉及内容广泛，主要包括污染源的源头预防和减排，如城市区域的产业结构优化、工业企业的清洁生产、产业园区的循环经济、城市固体废物的源头收集和资源化、城市综合节水、城市降雨径流的源头控制等；也包括污染源的末端控制，比如工业废水的处理和达标排放、城市污水的收集和集中处理、合流制污水的截流、分散入河污水的收集和处理等。

一、污水收集技术

污水收集是截污工程中的关键和难点。完整的城市污水收集系统包括污水支管、干管、主干管以及配套建设的检查井与提升泵站等，完善的前端污水收集是城市河流污染得以控制的前提与基础。

在一些城市，虽然污水处理厂建成了，但由于收集管网建设管理不完善（区域覆盖不全、污水收集率不高、管网漏损严重），导致污水处理厂不能满负荷运行；这就导致不仅影响资金、能源的高效利用，未经处理的污水还对环境和公众健康造成威胁。

按照收集的动力方式分类，城镇污水收集系统可分为重力收集系统、压力收集方式，而压力收集方式又以负压（又称真空）收集为主。在实践中，重力收集方式应用最为广泛，在条件许可的情况下，应尽可能采用重力收集方式。

而在某些重力收集方式难以实施的场合下，可以采取负压收集方式作为必要的补充。

（一）重力收集系统

现阶段，无论是合流制还是分流制排水系统，大多均采用重力收集系统，即依靠管网坡降产生的重力驱动液体流动，实现污水输送的目的。重力收集系统不用消耗外加能量，管理简单，在世界范围内被广泛使用。

重力排水系统发展至今已相当成熟可靠，相应的理论计算、设计规范和施工方法齐全，不管是现在还是未来，其在城市排水系统中都具有难以替代的地位，是污水收集系统中的主流；但其也存在一些局限性，在某些场合的实际应用中受到限制。

（1）对管径和管道坡度要求较高，易受地形限制。《室外排水设计标准》（GB50014—2021）规定，污水管的最小设计管径为300mm，相应的最小设计坡度为0.003。因此，在地势平坦、浅岩石层、河网密布等特殊地形地区，重力排水系统往往需要加大开挖深度或增设提升泵站，施工难度大、成本高。在管位紧张的地区，重力管的敷设也往往难以进行。

（2）密封性不好，易渗漏。现有重力排水系统对管道密封性要求不高，当地下水位较高时，会有地下水渗入，过多地下水的渗入会带来泵站运行电耗升高，污水处理厂进水污染物浓度过低，进而影响处理效果和增加处理费用。而当地下水位较低，污水管道的渗漏会造成污水渗出，污染周边土壤和地下水。

（3）管网投入高，建设难度大，建设相对滞后。污水管网建设费往往占到整个排水系统投资的大部分。很多城市由于拆迁难度大、资金不到位等因素，排水系统建设往往滞后于污水厂建设，使污水厂长期处于低负荷运行状态，运行效率低下。污水排水系统的覆盖率低同时也造成很多地方污水直排河道或混接入雨水管道，污染水环境，特别是城市郊区，管道建设滞后的现象更为严重。

（二）污水负压收集系统

在有些城镇地区，受地形、住宅等建筑密集分布等因素的影响，传统重力排水系统的成本高、施工难度大。为提高这些地区的污水收集率，开发了一些新型的污水收集技术以弥补传统重力收集系统的局限性,其中代表性的收集技术为负压收集技术,有些文献也称真空排水技术。

污水负压收集系统的原理是以负压为驱动力,强制抽吸管网末端的污水,进而完成污水的收集和输送。美国、英国、日本等国家均已出台相应的负压排水系统的技术规范和标准,使其成为重力排水系统的主要补充。

负压收集系统主要包括污水收集单元、负压管道单元、负压站单元和负压监控系统。其中负压站主要产生并维持系统的负压,为污水收集提供动力;负压管道连通污水收集单元和负压收集罐,污水经负压管道的传输进入负压站;负压监控系统用于监控系统的运行。

负压收集系统分为室内负压收集和室外负压收集两种模式,其中收集管道和负压站基本相同,而主要区别在于污水收集单元。

二、城市河流截污技术

城市河流截污工程包括通过建设和改造位于河道两侧的企事业单位、居住小区等污水产生单位内部的污水管道,并将其就近接入敷设的城镇污水管道系统中的污水收集工程,也包括对合流制入河管网进行入河污水截污工程。在规划和建设河流截污系统时,需要考虑流域地质地貌和市政排水管道的布局。通过综合经济技术评估,尽可能在现有条件下规划和建设,以达到最佳的经济和环境效益。进行截污纳管工程意在减少污染物进入河道,这是改善河道水质的重要前提。收集污水后,再将其排入市政污水管道系统,以最大限度地减少河道污染。

就安置截污管道的形式来说,可以概括为五种:第一种是在河流两岸的道路上铺设截污管道;第二种是在远离河岸的宽敞的道路上设置截污管道;第三种是沿河堤边驳架直径较小的截污管道;第四种是沿河堤基础设置截污管道;第五种是通过采用原有的直排式排水管道实现污水截流。

(一)沿河流两岸道路铺设截污管道

对现有的直排式合流制系统进行升级,改用截流式合流制系统。平行于河流在河岸上铺设污水拦截干管,并在原有的直排合流管出口处添加截留溢流井。这样可以有效地截留污水,达到净化环境的目的,在天气晴朗的时候,通过截流干管将所有污水截流,送至下游的污水处理厂处理。在下雨天,雨水和废水会在一开始混合在一起,经过污水处理厂进行处理。随着降雨量的增加,混合污水量若超过截流干管的截污能力,部分混合污水会经溢流井溢出排至收纳水体,具体如图 5-4 所示。

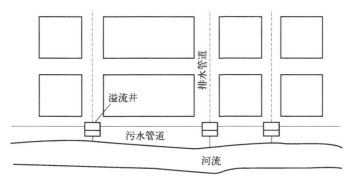

图 5-4 沿河流两岸道路铺设截污管道

这种布置方式是传统污水系统中截流式合流管道的典型布置形式。这种工程方式具有较小的工程量,能够在节约投资的同时快速实现截污效果。此外,随着管道网络的不断完善,这种方法可以逐步转变为分流制,以适应未来排水系统的发展需求。

(二)沿宽广但非河岸边的道路设置截污管道

一般来讲,截污主干管要求直径在 DN600mm 以上,埋深较大,对土壤的要求也更为严格。通常在规划污水系统时,将这些管道安排在主要的干道或宽敞的道路上,以便更便捷地接通各条支线。由于施工面积较大,这也会对施工能力有一定要求。

当河流两岸的道路较窄或没有道路,且直排式排水管分布较为集中,排出口较少时,可以选择在与河流平行且施工环境较宽阔的、离河流较近的道路上铺设截污管。这种布置方式可以在直排式排污口上设置溢流井,以避免污水直接排入河流。对于个别分散且量少的排污口,如果难以纳入截污管,可以通过自身改造进行分散处理。如图 5-5 所示,这种布置方式不仅能截流污水,而且能避免为了在河岸边建污水管而采用拆迁河流两岸建筑物或施工时通过强化不必要的支护等高代价方式来换取截污管的建设。因此,这种布置方式是一种经济、实用、有效的解决方案。

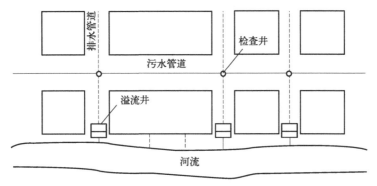

图 5-5　沿宽广但非河岸边的道路设置截污管道

（三）沿河堤边驳架小管径截污管道

当河岸上没有道路，河流中有多个直排式的排水管分散排列，并且排出口很多，而这些管道管径又非常小时，为了避免河水水体被污染和大量迁拆建筑物，可以选择在河堤边架设支架并将截污管道固定在支架上方，布置管道，如图 5-6 所示。

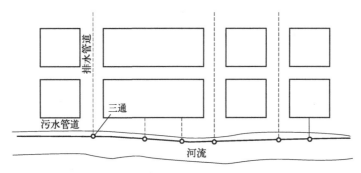

图 5-6　沿河堤边驳架小管径截污管道

（四）沿河堤基础铺设截污管道

如果有建筑物或者构筑物阻挡了河流两岸的道路，那么沿着这些道路铺设的截污式合流管道就会中断。这种情况，可以通过沿河堤基础并在其上铺设污水管道的方式来应对上述问题。此方法的核心是在河堤基础旁边按照管道设计标高建造河底基础，随后将截污管铺设在新建基础之上。为了防护管道，宜采用钢筋混凝土覆盖保护，并在管道两旁建造检查井。采用这种方法，可以重新连接被中断的截污合流管道，如图 5-7 所示。

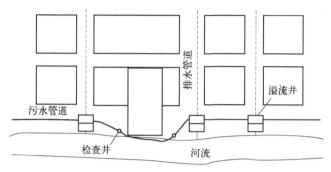

图 5-7　沿河堤基础铺设截污管道

这种方法通常适用于阻挡长度不大，且污水管上下游标高均符合河堤基础结构要求，在管道两边可以砌筑检查井的情况。然而，如果管道的上下游标高不符合河堤基础结构要求，或者管道两边无法砌筑检查井，那么这种方法就会造成管道容易堵塞，管理困难，甚至形成倒虹吸管的后果。在施工时，还需要考虑到河岸线的宽度要求，不能盲目缩窄河道。因为河岸线的宽度是河流自然形成的，如果盲目缩窄河道，不仅会影响河流的流态和生态平衡，还会对周围环境造成不良影响。

（五）利用原有直排式排水管道进行截污

在截污管道施工过程中，往往会遭遇不良施工环境、土质条件不佳等问题，导致施工无法进行。在面对这些情况时，需要有选择性地进行不同的处理。如果在建造这些地方的直排式排水管道时，建设合理、施工质量好且坡度较小，那么可以通过利用这些原有直排式排水管道截留污水，将其引流到附近新建的截污管道中，以达到截留污水的作用，并且在排放口处设置溢流井，如图 5-8 所示。

这种方法实施容易，投资少，见效快，对环境的影响也较小。然而，排水管道的质量问题会对施工质量产生影响。由于大部分现有排水管道采用混凝土管，并且接口较多，管道渗漏问题会逐渐加剧。这可能会造成地下水受到污染，引发潜在的危险，且可能会极大地干扰污水截流系统的正常运转。

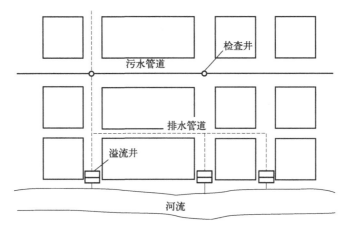

图 5-8　利用原有直排式排水管道进行截污

与污水收集技术一样，城市河流截污管道也包括利用重力流的截污管道系统和利用负压的截污管道系统。利用重力流的截污管道系统是主流方式，已经有很多应用；而利用负压的截污管道系统在某些情况下也是河流截污的必要补充，在国内应用还不多。

三、入河分散污水处理技术

随着城市和工业园区污水处理设施的建设，集中的工业和生活污水逐渐得到控制。入河分散污水对城市河流水环境的影响也逐渐凸显。分散污水虽然每个排污口的污水量小，但未经处理直接入河对河流的污染贡献也不容忽视。

这些分散污水一般为城中村、分散村落产生的污水，由于其位置分散，污水量小，很难按照城镇污水集中处理的方式进行，通常要因地制宜地采用小型、造价低、维护简易的污水处理技术。现在小型分散污水处理设施在我国各地都有建设实践，在长江三角洲、珠江三角洲、京津冀等经济发达地区尤其多，不过由于技术的针对性不足和运行管理的不完善，效果普遍欠佳。

针对分散污水的特点，在处理分散污水时，应注意技术上的问题，如抗冲击负荷能力强、宜就近单独处理、建设费用低、运行费用低、操作管理简单等要求需要留意，不能沿用和照搬大、中型城市污水处理工艺及设计参数。目前，研究和应用较多的技术有：土地处理、人工湿地生态处理、地埋式有/无动力一体化设施处理、氧化塘、生物接触氧化等。为保证后续处理效率，部分地区还开展了源分离技术方法研究和实践，将生活污水中的黑水与灰水分离处理。

目前，生活污水处理系统的技术模式主要包括以下两种。

（1）**分散处理模式** 存在一些布局分散、人口规模较小、地形条件复杂、污水不易集中收集的村庄，针对这些村庄的污水处理问题，通常采用无动力的庭院式小型湿地、污水净化池和小型净化槽等分散处理技术。这些技术适用于小型规模的污水处理，不需要大型的机械设备和复杂的管道系统，因此具有投资少、运行维护成本低、易于管理等优点。

（2）**适度集中处理模式** 布局相对密集、人口规模较大、经济条件好的村镇企业或旅游业发达的连片村庄，可采用活性污泥法、生物接触氧化法、氧化沟法和人工湿地等进行适度的集中处理。这些处理方法能够有效地去除污水中的有害物质，提高水质，同时也有利于节约资源和保护环境。位于饮用水水源地保护区、自然保护区、风景名胜区等环境敏感区域的地区，则需按照功能区水体相关要求及排放标准处理达标后方可排放。这是因为这些区域的水质要求非常高，必须保证排放的水质符合相关标准，以保护当地的水环境和生态平衡。同时，这些区域也是人类重要的水资源和生态环境，必须得到充分的保护和利用。

四、城市地表径流污染控制技术

城市地表径流污染是城市环境中的一个重要问题。在降雨过程中，雨水冲刷和携带地表聚集的污染物质，如油脂、氮、磷、重金属、有机物等，其流入水体，导致水体污染。这种污染主要发生在城市工业区、商业区、居民区、停车场、建筑工地等区域。

城市地表径流中的污染物主要是由雨水流过大气和城市地表时携带而来，这也是导致城市地表径流污染的主要来源。城市地表沉积物的组成与土地利用和地形特征息息相关。城市地表径流中的污染物主要来源于降雨对大气和城市地表的冲刷，因此城市地表沉积物是城市地表径流污染的主要来源。城市地表沉积物的来源与不同的土地使用功能和地面特征紧密相关，包括固体废物碎屑、化学药品（如人工草坪施用的化肥、农药）、空气沉降物和车辆排放物等。

在城市中，由于道路、广场等硬地面的广泛分布，城市路面径流污染通常最为严重。在降雨形成径流的初期，污染物浓度最高，随着降雨时间的持续，雨水径流中的污染物浓度逐渐降低，最终维持在一个较低的浓度范围。在一场降雨过程中，占总径流 20%～25% 的初期径流冲刷排放了径流排污量 50% 左右的污染物。

随着城市化的加速，城市地表径流的污染问题变得日益突出。由于人类活动不断集中和加强，对环境造成的负面影响越来越明显。随着城市化进程的加速，城市内的人类活动对天然流域的影响也在增加。土地利用方式和城市基础设施建设的变化使得城市水文过程发生了显著变化，城市中的建筑、道路等硬质表面的增加，导致水分的蒸发、渗透、蓄滞的量减少，同时地表径流总量和峰值流量明显增加。随着城市人口密度的增加以及人类活动频率的增加，城市地表上堆积了大量的污染物质。这些污染物随着地面径流一起流入城市下水道，再通过河流、湖泊或河口排放，严重污染了这些受纳水体。随着城市化加快，这一问题变得日益严峻，对城市防洪排涝、水环境保护、水资源利用造成了很大的负面影响。

针对城市降雨径流污染问题，在过去的近 30 年中，以美国、德国、新西兰、日本等为代表的发达国家在理论研究、控制技术、管理等领域已经做了大量的研究和实践工作。其中最具有代表性的是美国国家环境保护局（USEPA）提出的城市降雨径流控制最佳管理措施（best management practices，简称 BMPs）。BMPs 是减缓城市降雨径流带来的负面效应，从源头实现城市降雨径流洪峰延迟、洪量消减、非点源污染控制的最为有效的技术与管理体系之一，它是一套高效、经济、符合生态学原则的径流控制措施。其核心是在法规政策要求和支持下采用工程性并辅之以非工程性的措施来达到城市降雨径流控制和管理的目的。目前应用较广泛的典型结构性 BMPs 措施包括入渗沟、入渗池、干式滞留池、湿式滞留池、植被过滤带、植草沟、人工湿地、砂滤系统、绿屋顶、雨水罐、透水性铺面和植物蓄留池、雨水花园等。非结构性 BMPs 则包括制定相关法规、土地利用规划管理、材料使用限制、卫生管理、控制废物倾倒、公众教育等。

随着城市降雨径流管理研究与实践的不断深入，许多城市雨水管理的新概念、新理论和技术控制手段不断涌现，美国进一步发展了考虑城市发展空间限制问题和与自然景观融合理念相结合的第二代 BMPs，也可称为低影响开发 BMPs，即 Low Impact Development BMPs，简称 LID-BMPs。低影响开发是指在城市开发建设过程中，在源头因地制宜地采用分散的 BMPs 措施，通过源头控制的理念实现城市雨洪控制与利用，从而降低城市开发对自然水文过程的影响。它更强调与植物、绿地、水体等自然条件和景观结合的生态设计。其设计思路是通过各种分散、小型、多样、本地化的技术，在城市各个小汇水区内综合采用入渗、过滤、蒸发和蓄流等方式减少径流排水量，减缓洪峰出现的时间，削减非点源负荷，从而对降雨产生的径流实施小规模的源头控制。相对于传统 BMPs 而言，LID-BMPS 具有规模小，布置离散，更适合高密度城市开发区等特点。

除了上述城市降雨控制 LID-BMPs 技术体系外，一些国家也综合本国特点先后提出了类似的城市降雨径流控制技术和管理体系，如英国的"可持续城市排水系统"（sustainable urban drainage system，简称 SUDS），澳大利亚提出的"水敏感性城市设计"（water sensitive urban design，简称 WSUD）和新西兰提出的"低影响城市设计和开发"（low impact urban design and development，简称 LIUDD）。与之相类似的理念和城市发展概念还包括 USEPA 提倡的绿色基础设施（green infrastructure，简称 GI）等。这些概念强调了城市雨水利用的重要性。在城市化进程中，大量的硬地和建筑物取代了原有的自然地表，导致雨水无法自然渗透和吸收，而是通过排水系统快速排出。这不仅增加了城市排水系统的负担，还可能导致城市洪涝灾害的发生。因此，采取接近自然系统的技术措施，促进雨水资源化利用，是减轻城市洪涝灾害、降低城市污水处理负荷和建设费用的有效途径。我国在城市降雨径流控制 LID-BMPs 方面也已经有了很多探索和实践，在总结国际经验和教训基础上，结合我国推动城镇化建设的现状和问题，从国家层面上提出建设海绵城市的部署，要统筹发挥自然生态功能和人工干预功能，有效控制雨水径流，实现自然积存、自然渗透、自然净化的城市发展方式，修复城市水生态，涵养水资源，增强城市防涝能力，扩大公共产品有效投资，提高新型城镇化质量，促进人与自然和谐发展。

第四节　河流的原位水质净化

城市河流的原位水质净化是在河流自身的河道空间内去除污染物，强化水体自净能力，进而实现城市河流水质净化。

一、内源污染控制与治理

在河流外源污染得到逐步控制后，内源就成为不可忽视的污染源。内源通常包括河道底泥释放的污染、水产养殖产生污染以及水体中水生动植物的排放和释放的污染。相比而言，内源中河道底泥污染对水环境的影响更大且难以控制。因此，底泥污染的处理技术对于河流污染的治理至关重要。底泥污染的处理主要有异位处理和原位处理两种方式。异位处理，是指将污染底泥挖掘出来运输到指定地方再处理，主要方法有底泥疏浚和异位淋洗等。例如，底泥疏浚是通过挖掘设备将底泥挖掘出来，然后运输到指定地点进行处理。这种方法可以有效地清除底泥中的污染物，但需要耗费大量的人力和物力，且可能对底泥周围的生态环境造成一定的影响。原位处理是在不移除污染底泥的前提下，采取措施防止或阻控底泥中的污染物进入水体。主要方法有原位覆盖、钝化和生物处理等。例如，原位覆盖是在底泥表面覆盖一层无污染的土壤或材料，以防止污染物进入水体。钝化是在底泥中添加化学物质，使污染物在底泥中变得稳定，减少其对水体的影响。生物处理是利用生物体（主要是微生物）来降解底泥中的污染物。按照底泥污染控制与处理方法原理的不同，又可分为物理控制技术、化学控制技术与生物控制技术。物理控制技术借助的工程措施主要包括底泥疏浚和底泥覆盖技术等。化学控制技术主要是通过化学制剂跟底泥中的污染物发生化学反应转变成非污染物。生物控制技术是利用生物体（主要是微生物）来降解底泥中的污染物。对于城市水体内源污染控制技术，目前国内应用最多的为底泥疏浚技术，而原位的底泥覆盖、化学修复和生物修复等应用相对较少。本节主要介绍原位的底泥覆盖、化学修复技术、生物修复技术（底泥的原位生物修复技术主要为原位投菌法）以及基于各种技术的联合修复技术。

（一）底泥的原位化学修复技术

1. 技术原理

原位化学修复技术是一种利用化学制剂针对受污染的水体进行化学反应的方法，旨在消除或改变污染物质在底泥中的影响，以促进后续的微生物降解作用。化学修复的本质是利用化学制品与底泥中的离子间发生相互作用,从而将它们转化为无害的化学形态。有许多可用于修复被污染的底泥,如氧化还原法、化学脱氯法、化学浸提法等。在修复复合污染底泥的过程中,氧化还原法是一种有效的方法。这个技术是通过使用氧化还原药剂,促进有机污染物的电子转移,并最终分离或无害化这些污染物。化学脱氯法被广泛应用于修复多氯污染物污染的底泥,以实现修复目的。化学浸提法可以有效修复受重金属污染的底泥。目前比较广泛使用的化学修复药剂包括氯化铁、铝盐、氧化钙、过氧化钙、硝酸钙和硝酸钠等。原位化学修复技术工艺流程图如图 5-9 所示。

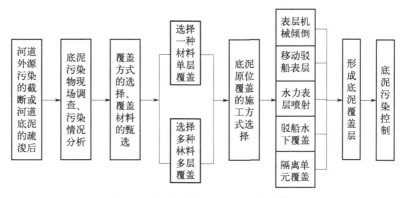

图 5-9　原位化学修复技术工艺流程图

2. 优点和局限性

原位化学修复方法是一种见效快的水体修复技术,被广泛应用于各种水体修复项目。然而,这种方法的实施需要使用大量的化学药剂,而这些药剂的用量往往难以精确控制。如果药剂用量过多,不仅会增加修复成本,还可能对水体生态环境造成负面影响。例如,一些化学药剂可能会对水生生物产生毒性作用,破坏水体的生态平衡。同时,化学反应的效果也可能会受到多种因素的影响,如 pH 值、温度、氧化还原状态、底栖生物等。以原位钝化技术为例,这种技术被广泛应用于处理底泥中的污染物。然而,在应用过程中,钝化剂的选择和使用环境需要特别注意。例如,铝盐、铁盐、钙盐等不同的钝化剂应用环境各有不同。此外,底栖生物的扰动和风浪的作用也可能会使钝化层失效,导致底泥中的污染物重新释放出来,影响钝化效果。

（二）底泥的原位生物修复技术

1. 技术原理

污染底泥的原位生物修复技术是一种环保技术，旨在通过利用微生物的生长和代谢活动来减少底泥中的污染物含量。这种修复方法分为原位工程修复和原位自然修复两种。原位工程修复是一种通过人为干预来提高底泥生物活性的方法。它通过向底泥中加入微生物生长所需的营养物质，如氮、磷等，以促进微生物的生长和繁殖。此外，还可以通过添加培养的具有特殊亲和性的微生物来加快底泥环境的修复。这些微生物能够吸附和降解底泥中的污染物，从而降低其含量。原位自然修复则是利用底泥环境中原有的微生物，在自然条件下创造适宜条件进行污染底泥的生物修复。这种方法不需要人为干预，只需通过调整底泥环境中的氧气、温度、pH值等条件，为微生物的生长和繁殖提供适宜的环境。在自然修复过程中，底泥中的微生物会逐渐降解污染物，并将其转化为无害物质。

例如，高等水生植物为微生物提供了生长所需的碳源和能源，使得根系周围的微生物数量增多。这些微生物能够迅速降解水溶性差的芳香烃，如菲、蒽，以及三氯乙烯等有害物质。同时，根周围渗出液的存在，能够提高降解微生物的活性，进一步加速污染物的降解过程。

2. 优点和局限性

原位生物修复技术是一种环保、经济、有效的修复技术，具有以下优点。

① 成本相对较低。与其他修复技术相比，原位生物修复技术的成本相对较低。它不需要大量的设备和材料，只需要对原有的底泥进行强化处理，使其自然降解污染物。

② 环境影响小。原位生物修复技术只是一种自然过程的强化，不会破坏原有底泥的物理、化学、生物性质。它最终的产物是二氧化碳、水和脂肪酸等，不会形成二次污染或导致污染的转移。

③ 最大限度地降低污染物浓度。原位生物修复技术可以将污染物的残留浓度降至很低，甚至可以达到检测限以下。

④ 修复形式多样。原位生物修复技术可以根据不同的污染物和环境条件采用不同的修复形式。例如，对于石油污染，可以采用强化自然降解的方法；对

于农药污染，可以采用微生物降解的方法。

⑤ 应用广泛。原位生物修复技术可以修复各种不同种类的污染物，如石油、农药、除草剂、塑料等。无论小面积还是大面积污染均可应用。

当然，原位生物修复技术虽然具有许多优点，但也有其自身的局限性。首先，由于原位生物修复技术利用的是自然的生物过程，因此修复速度相对较慢，需要长期经历才能看到明显的效果，无法实现立竿见影的修复效果。其次，微生物并不能降解所有进入环境的污染物，有些污染物的难降解性、不溶解性以及与底泥腐殖质结合在一起，使得生物修复无法进行。此外，特定的微生物只能降解特定类型的化合物，如果污染物的状态稍有变化，就可能不会被同一微生物酶所破坏，这也限制了生物修复的应用范围。另外，原位修复受各种环境因素的影响较大，因为微生物的活性受到温度、溶解氧、pH值等环境条件的变化影响。在某些情况下，生物修复不能将污染物全部去除，当污染物浓度太低，不足以维持降解细菌群落时，残余的污染物就会留在底泥中。采用水生植物方法进行生物修复时，必须及时收割植物，以避免植物枯萎后产生腐败分解，重新污染水体。在使用原位生物修复技术时，需要考虑其局限性，并结合实际情况进行评估和选择。同时，需要不断探索新的技术和方法，提高生物修复的效率和效果，为环境保护和治理做出更大的贡献。

二、河流结构优化与水动力调控

（一）水系沟通与结构优化

受自然因素与人为活动共同作用，城市河流的形态和连通关系也在逐渐演变。自然因素主要是区域水文条件、地形地貌和土壤特征等。比如平原河网地区的城市河流，上游来水及本地降水丰富，地势平缓，受上游来水、本地径流以及下游水位顶托等相互作用，会出现不均匀淤积和冲刷，从而引起河道形态的自然演化。城市河流形态和连通关系变化的更重要的因素是人为因素，比如城市河道的疏浚，传统城市河道整治中常用的裁弯取直，以及城镇化背景下的建房和修路引起的河流填埋、改道或部分侵占等，均会很大程度地改变原有城市河道的形态结构和连通关系，使城市河流流态出现死水区、滞留区、缓流区、束水区。

改善城市河流流态是城市水环境整治的主要手段，而水系的沟通和结构优化是河流（尤其是平原河网河流）流态改善的基础。在实际工作中，一般通过实地调研、现状流速监测，找到水系连通性阻水节点，开展优化沟通水系的物理性工程措施。

为了定量表达复杂水系的水体流态时空特征，可以建立河网水动力学-水质模型，选择影响水动力条件的边界参数，进行模拟运行，科学地识别城市河流的死水区、滞留区、缓流区、束水区及其对水环境的影响。

在上述水系结构解析的基础上，通过水系沟通或河道节点改造工程措施，避免类似断头浜等死水河段出现，保障水体的连通性，优化河流流场分布，改善河流水动力条件，增强河网的污染物自净能力。

（二）闸坝调度与水动力调控

为了改善城市河流的流态，修复河流水环境，建成人水和谐的生态河道，可以优化城市河流的闸泵调度方式，在满足人类对水资源利用需要的同时，进行城市河流的水动力调度，优化河流水体流态。

在国际上，通常利用水闸控制河道流量以实现水质优化的目标。通过闸泵调度，水体流动增强，从而提高水体的自净能力，进而改善水质。例如，美国俄勒冈州的威拉米特河流治理项目就充分利用了水库调度，通过调整下泄流量，成功实现了水质改善。通过优化闸泵的调度运行方式，可以恢复并增强水系的连通性，包括干支流之间的连通性以及河流湖泊之间的连通性等。这样可以确保水闸下游维持足够的流量，保持河流具有一定的自净能力。这种方法有助于防止河流断流和河道萎缩，同时维护河流水生生物的繁衍生存。

城市河流的闸泵调度方式的优化，要充分考虑城市河流水利工程设施的类型和运行方式的差异，充分利用水动力调控设施设备，如水闸、泵等，以流态优化和水环境改善为目标，实现城市河流整体水动力条件的调控。

闸泵生态调度的基本原则如下。

① 以满足人类基本需求为前提。在修建闸泵的过程中，要始终坚持以民生为重，以保障人类基本生计为出发点。闸泵的生态调度作为一项重要的工作，也必须首先考虑满足人类基本需求。

② 以河流的生态需水为基础。闸泵在进行生态调度时，必须根据下游河

流的生态需水要求进行泄放。闸下泄水量,包括泄流时间、泄流量、泄流历时等方面的考虑。为了保护某一个特定的生态目标,必须合理地确定生态用水比例。这需要考虑到不同生物对水的需求以及河流生态系统整体的平衡。

③遵循生活、生态和生产用水共享的原则。在制定水资源管理策略时,需要充分考虑生态系统的需水要求,同时也要考虑社会经济发展的实际需求。只有当生态需水与社会经济发展需水相互协调,才能稳定和可持续发展。生态系统对水的需求具有一定的弹性,这意味着生态系统可以在一定程度上适应不同的水资源条件,但这种适应能力是有限的。因此,只有在生态需水阈值区间内,才能确保生态系统的稳定和健康。

④以实现河流健康生命为最终目标。为了实现这个目标,需要制定科学合理的调度方案,确保在满足人类需求的同时,不会对河流生态系统造成过大的影响。在实施调度方案时,需要采取一系列措施,包括加强监测、控制污染、保护生物多样性等。同时,还需要加强公众教育和宣传,提高公众对河流生态保护的意识。这项工作的最终目标是维护河流健康生命,实现人与河流和谐发展。

三、微生物强化技术

(一) 技术原理

1. 概述

微生物在河流水环境中发挥着重要的分解作用,对水体的净化起着至关重要的作用。水体中存在大量具备污染物降解能力的微生物,其数量和活性水平是影响水体自净能力的非常关键的因素之一。此外,微生物的数量和活性还决定了水体微生物修复技术是否能够成功应用。为了促进受损水体中污染物的快速降解和转化,微生物强化技术的核心在于提高水体中微生物的数量和活性水平。目前,解决河流污染的原位微生物强化技术有两种主要方式被广泛采用。一种是微生物强化技术,普遍使用投菌法。这项方法是在受污染的水体中选择一种或多种具有混合功能的菌种,并在一定要求下投放,以提高水中微生物的处理效率。污水处理系统的菌种可从多种选择中挑选,比如可以从环境中筛选出高效细菌,也可以采用改良或基因工程构建的菌种。另一种是投放生物促生剂到受污染水体中，以促进微生物的生长和提高微生物活性。这类生物促生剂通常包含微生物所需的营养元素，例如，微量元素、天然激素、维生素、有机酸、细胞分裂素以及酶等。目前常常将这两种方式结合起来使用。

2. 技术流程

投菌法应用于河流水体修复的主要流程如图 5-10 所示，这一流程是河流水体修复领域中一种重要的技术手段。在投菌法实施之前，首先需要进行河流水体环境特征调查，这是整个技术实施的基础。这一调查涉及水温、pH 值、污染物种类和污染程度、河水体积等关键参数的测定，这些参数直接影响到生物菌剂的选种、剂量的投放和投放方式的选择。

在河流水体环境特征调查的基础上，下一步是进行生物菌剂的选种、培养和活化。这是投菌法的核心部分，直接关系到水体污染物的去除率。生物菌剂的选种需要考虑到河流水体环境的实际情况，选择适应性强、降解效率高的菌种。培养和活化过程中，需要控制好温度、湿度、pH 值等环境因素，确保菌种的生长和活性。

在完成生物菌剂的选种、培养和活化后，就可以进行投菌操作了。根据河流水体环境特征调查的结果，确定合适的投放方式，如直接投加、喷洒等。投菌的剂量也需要根据实际情况来确定，过少则效果不明显，过多则可能对水生生态造成影响。

投菌法应用于河流水体修复的主要流程还包括后期的监测和评估。在投菌操作后，需要对水体的水质进行定期监测，评估生物菌剂对污染物的去除效果。如果效果不佳，可能需要调整生物菌剂的种类、剂量或投放方式。

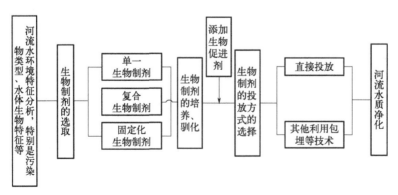

图 5-10 投菌法原位净化技术流程

3. 微生物的投加方式

城市污染河流一般均具有流动性，外加微生物菌剂和生物促生剂容易流失。因此，需要保证投加的微生物菌剂与污染物、生物促生剂与微生物菌剂之间有充分的接触时间。通常有以下几种应用方法。

（1）直接投加法 若城市河流水体流动性较差，可直接向受污染水域表面均匀泼洒生物菌剂和生物促生剂。这种方法能够有效地促进水体中污染物的降解和净化，提高水质。由于流动性较差，水体中的污染物容易积累，因此需要采取措施来促进污染物的降解和去除。在流动性较好的河流中使用，则可在河流上游进行投加，使其在随水流往下游移动的过程中与污染物有充分的接触时间发生作用。这种方法能够充分利用河流的水流作用，将生物菌剂和生物促生剂与污染物充分混合，从而促进污染物的降解和去除。具体投菌地点最好通过污染物降解动力学和水文学等方面的计算来确定。

（2）吸附投菌法 微生物菌体吸附技术是一种有效的水体治理方法，通过使微生物菌体先吸附在各类填料或载体上，再将填料或载体投入待治理的河流或底泥中，可以有效降解该区域内的污染物。这种方法不仅可以防止菌体的大量流失，还可以提高菌体的吸附效率，从而更好地治理水体污染。在吸附材料的选择上，分子筛和沸石是常用的吸附材料，还有一些诸如活性炭、陶粒、树脂等材料。

（3）固定化投菌法 是将微生物封闭在高分子网络载体内的物化方法，具有生物活性和生物密度高的特点。投加固定化微生物可以避免微生物流失，提高处理稳定性。但固定微生物的制作稍有复杂，在受污染河流的处理中，固定化微生物球体的尺寸不宜过小，以防流失。为了保持高浓度，可以借鉴医药缓释胶囊的应用，通过缓慢释放固定的微生物菌种，使微生物在处理过程中持续发挥作用。

（4）根系附着法 是一种直接将菌种投加到受污染区域的水生植物根系附近的水体中的方法。通过微生物在水生植物根系的富集作用，大量外加微生物附着于受污染水域中的水生植物根系上。这种富集作用不仅提升了受污染区域的外来微生物浓度，还促进了微生物分解产物被水生植物利用。可以尝试在室内含有水生植物的培养液中加入微生物菌种，使其在水生植物根系上形成生物膜。一旦成功，再将水生植物移至受污染水体或底泥中，以观察其效果。

（二）技术特征

微生物强化技术的技术特征如下。

① 针对性强，可有效提高对目标去除物的去除效果，污染物的转化过程在自然条件下即可高效完成。

② 微生物来源广泛，繁殖速度快且易于培养，对环境的适应性很强。通过基因工程、突变筛选等方法，可以获得具有特定降解能力的菌种，应用范围广泛。

③ 微生物处理通过微生物的代谢作用，将废水中的有机物转化为无害的物质，还能吸附和降解有毒物质、去除臭味，并且对提高水质透明度、降低色度有明显作用。

④ 污泥产生少，对环境影响小，通常不产生二次污染。

⑤ 就地处理，操作简便。

但是，该技术还是存在着一些不足之处，主要如下所述。

首先，筛选得到的高效降解菌可能仅对某一类污染物较有效，其广谱性能可能较差。这意味着该技术可能无法应对多种不同类型的污染物，限制了其在实际应用中的广泛性。其次，直接投加的菌体容易流失或被其他生物吞噬，这可能会影响投菌法的处理效果。这说明在应用该技术时，需要采取额外的措施来确保菌体的稳定性和存活率。再次，实验室筛选得到的高效菌不一定能够在环境竞争中成为优势菌。为了使高效菌种在环境中成为优势菌，需要进行驯化以适应新的环境。这可能需要额外的资源和时间，增加了该技术的复杂性和成本。另外，高效菌种的筛选、驯化过程难度大、周期长。这会限制其在短时间内的广泛应用。最后，投加菌种不能一次完成，还需要定期补投。

第五节 河流水生态修复与重构

城市河流生态修复是一种生态过程，其目的是让城市中受损的河流生态系统恢复健康，从而实现其自我恢复和维持动态均衡的能力。需要根据河流具体情况，采用适宜的生态修复技术，恢复河道自我净化并创造多样化的良好生境条件，从而帮助恢复和重建受损的河流生态系统。

一、城市生态河流的结构修复

（一）河道蜿蜒性修复

1. 恢复河道的蜿蜒性

恢复河流的蜿蜒性原貌需要根据已有的水文资料或历史资料，在工程上将河道重新改造为未经过裁弯取直的状态（图5-11）。即使缺乏资料，也可以基于水文原理来设计弯曲河流，在这种情况下，要确保河流弯曲长度至少为直线长度的1.5倍。在河道恢复的曲折弯道处，水流会交替地将凹陷的河岸的泥沙带到凸起的河岸上，从而自然地形成河流的冲刷和沉积过程，这个过程还会导致河曲段的河道宽度增加，达到直线段宽度的5～7倍。这种变化为河流生态系统提供了更加多样化的条件，相较于直线河流，弯曲河流能够孕育更加丰富的动植物群落，提升河流水系的自净能力。

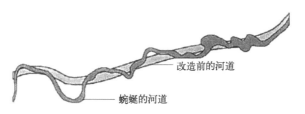

图 5-11　河道蜿蜒性改造前后对比

2. 恢复多样的河道断面形式

常见的河道断面形式主要有"U"形断面、梯形断面、矩形断面、复式断面和双层断面五种类型。这些断面形式各有特点，适用于不同的河道情况和治理需求。其中，除了"U"形断面外，其余四种都是人工建造的断面。

① "U"形断面是最常见的河道断面形式之一，是自然河道断面。它具有较好的水流稳定性，适用于水流较缓、河床较宽的河道。这种断面形式可以有效地减少水流对河岸的冲刷，保护河岸的稳定。

② 梯形断面和矩形断面是一种人工建造的断面形式，它通过改变河道横断面的形状，可以有效地控制水流速度和流量。这种断面形式可以减少水流对河

岸的冲刷，同时也可以提高河道的泄洪能力。

③ 复式断面在常水位以下通常采用人工的矩形或梯形断面。这些断面形状规整，易于施工和维护。在常水位以上，复式断面可以设置缓坡或二级护岸。在枯水期，流量小，水流归主河槽；在洪水期，流量大，允许河水漫滩，过水断面变大成为行洪断面（图 5-12）。复式断面同时满足了行洪功能和枯水期景观生态效应，是城市河道中应用较多的断面形式，但其占地面积较大，适用于河滩较为开阔的河道。

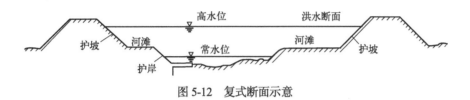

图 5-12　复式断面示意

④ 双层断面是将河道建成上下两层，上层为明河，控制较浅水位，水质较好，具有休闲、观赏、亲水等功能；下层为暗河，采用混凝土结构，主要用于行洪和排涝，也可以过流水质不好的水流。适用于既有行洪排涝的功能，又要满足生态性景观性亲水性要求的城市内河，但该断面形式结构较为复杂，施工难度大，投资较大。

3. 建造丁坝

丁坝是与河岸正交或斜交伸入河道中的河道整治建筑物，广泛使用于河道整治中，主要功能是保护河岸不受来流直接冲蚀而产生淘刷破坏，从而确保河道的稳定和安全。同时，丁坝也在改善航道、维护河相以及保护水生态多样化方面发挥着重要作用。

丁坝的平面布置应结合河流自身具体情况、其他修复措施以及景观措施，借鉴类似工程经验确定。丁坝是河流整治工程中的重要组成部分，通常成群布置。在布置丁坝时，需要考虑多个因素，包括河宽、设计洪水流量以及水深等。一般来说，丁坝的长度应该控制在河宽的 1/10 以内，而高度则应该根据设计洪水流量时水深来确定，一般为水深的 0.2～0.3 倍。丁坝的间距以及布置的数量与丁坝的淤积效果有重要关系。

不同布置形式的丁坝对河流所起的作用是不同的，在城市河流的生态修复中，使用较多的丁坝形式有抛石丁坝、桩式丁坝、混凝土块体丁坝以及部分"短丁坝"，可根据河流自身情况结合护岸和景观综合比选，选择相适应的丁坝形式，也可将现有丁坝进行改造和组合。

（二）河道连续性修复

鱼类和其他水生生物的繁殖和生存是与自然河道的连续性密切相关的，然而在人类开发和利用河道的过程中，经常会修建大坝和闸门，这会导致水流的连续性被中断。河道的断流化导致了流水生境向静水生境的转变，进而阻碍了物质循环和能量流动的畅通。这种情况对生态系统中的生物种类数量和多样性产生了不同程度的影响，也对鱼类的上下游迁徙造成障碍。

城市河流生态系统恢复需要保持河道的连续性，可以采用多种方法，比如拆除废旧的拦河坝，将陡峭的跌水改成缓坡，设置辅助水道，并在陡峭断面上设置不同类型的鱼道等。

1. 设置多级人工落差

可以通过人工调整高度差的方式来减缓坡降，从而减缓洪水流速并保护河床。还可以通过拦截和存储水流的方法，在河道水量减少时维持所需的生态水量和水位，同时保持一定的河道水面面积。设置落差时，必须充分考虑鱼类迁移的情况，同时确保最大设计落差不超过 1.5m。

如果河段的坡降过大，可以通过建造阶梯状结构来解决，每个阶梯的坡度设置为 1/10，阶梯之间的高差为 30cm，还可以在每个阶梯之间设置深度约 50cm 的池塘。为了保持流量变化时的鱼类上溯速度和水深，可以设置一个倾斜坡度为 1/30 的横断面。这种人工落差有助于促进鱼类迁徙，提高水体的复氧能力和净化能力，促进水流和河相的多样性变化，从而保持生物多样性。

2. 鱼道

修闸建坝等会中断河道连续性，严重影响了河流中的水生动物自由迁移，从而引起河流生态系统的变化。因此，可以在这些河道上修建鱼道，并且改善水文和底质条件，以便让鱼类和其他水生生物能够在水体内游动，鱼道示意如图 5-13 所示。

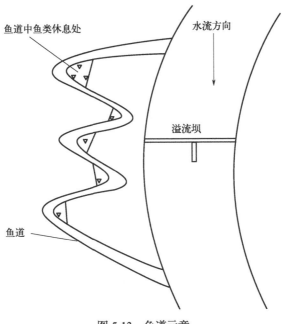

图 5-13 鱼道示意

鱼道一般建造在大江大河上,提供某种鱼类洄游的通道。城市中小型河流特别是平原地区河流,很少出现此类情况,所以在城市河流中修建鱼道的案例不多,不过从生态系统完整性等角度,近年来在城市河流生态修复实践中也逐渐开始包括了鱼道建设。

鱼道设计是一项复杂而细致的工作,需要建立在细致的水文生态调查、河流水力学特性调查等基础之上。为了确保鱼道的成功运行,设计师必须深入了解鱼的习性,包括目标鱼的迁徙周期、游行能力等。这些信息对于确定鱼道的最大流速、水池尺寸以及拦坝与鱼道入口的相互空间关系至关重要。

(三) 河床生态化修复

河床是河谷中平水期水流所占据的谷底部分。通常,大部分河道的河床材料都是透水的,由卵石、砾石、沙土、黏土等材料构成。这些具有透水性能的河床材料,为水生和湿生植物以及微生物提供了一个适宜的生存环境。河床的透水性能使得地表水和地下水相连,形成了一个完整的水系统。这为各种生物提供了丰富的栖息地,为生物群落多样性的形成奠定了基础。同时,不同粒径卵石的自然组合，为鱼类产卵提供了场所，丰富了生物多样性。天然河床由于水流和泥沙的相互作用，会产生不定期的冲刷和淤积。其纵剖面呈深槽与浅滩交替的结构，横剖面呈低洼的槽形结构，这种结构使得河床更加稳定，防止了水流的过度冲刷。

河床生态化修复是河流生态修复的重要部分，河床生态化修复措施主要包括以下几种。

1. 河床的生态衬砌

在缺水的干旱地区，建设河道生态河床时需考虑防止下渗造成的水资源浪费和创造合适的水生生物生存环境，以保持河道内生态系统的完整性和自净能力。过去，河道常采用混凝土表面来铺设河床，这样做会对河流的生态环境造成不利影响。因此，开发生态衬砌技术就成为重中之重。

植生型防渗砌块技术便是一项代表性的技术。植生型防渗砌块技术采用了一种植被生长型的设计，其主要由混凝土块体和供水生植物生长的无砂混凝土框格组成，既保证不渗水，同时也提供了植物生长的环境（图5-14）。利用凸凹结构紧密拼接砌块，进行河道防渗衬砌，可有效防止冲刷和渗漏的发生。使用无砂混凝土框格填土，并种植适宜的水生植物，可以有效防止土壤被冲刷。同时，这些植物能为其他微生物提供生长的良好环境，促进水生生态系统的发展。此外，这种生态系统还能吸收和分解水体中的污染物，提高水体的自净能力。

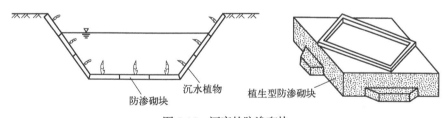

图5-14 河床的防渗砌块

2. 木制沉床的使用

木制沉床通常用于防治河床侵蚀的工程中，可以在冲刷强烈的河滩和受水冲刷的河岸地带起到作用。此外，它还是保护水生生物多样性的重要生态工程技术。该方法的核心是将原木在河床（或河滩）上按照格状布置，相互固定后内部填充石块。这样一来，既可以达到防止水流冲刷的目的，又可以为水生生物提供安全的栖息地（图5-15）。

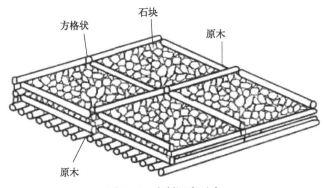

图5-15 木制沉床示意

粗糙的木制沉床被认为是典型的木工制作技术代表之一，最初由荷兰技师发明。它主要利用野生树木树枝作为主要材料，将其捆扎组成格子，并在格子间填充卵石或砾石，以加固河床，避免水流对其侵蚀。为了使沉床可以使用更长时间，可选择具有柔韧性的树枝，如橡树、青冈栎、辛夷、枫树、钓樟等。

3. 深潭-浅滩序列的创建

天然河流的河床会不断受到水流和泥沙的互动影响，因此会存在冲刷和淤积现象。在河流的曲折区域，会形成沙丘状的边滩，而凹岸则会被侵蚀形成深潭。在顺直的区域，会呈现浅滩，这最终形成了一个交替变化的深潭-浅滩序列。深潭指的是比周围河床低0.3m以上的地方，而浅滩则是比周围河床高0.3~0.5m的地方，而且其顶高程的连线坡度应与河道坡降相同。在规划景观水体河道时，需要考虑深潭与浅滩的大小比例和排列方案，以符合水力学原理。根据弯道的出现频率，应当成对设计深潭与浅滩，且每对深潭与浅滩之间的距离应为下游河宽的5~7倍。

深潭和浅滩可以增加河床的表面积和改善河道内环境，加速水中有机物的氧化作用，促进硝化作用和脱氮作用，有助于提高水体的自净能力。同时，这还有助于形成水体内部的流速差异和多样化生境，从而显著增加河床上生物的附着数量，丰富水生生物的群落，增加水生生物的多样性。

4. 人工岛

在河道中使用石头、混凝土块等材料创造人工岛，不仅能形成河床深潭、浅滩的变化，还能创造出丰富多样的水生生态环境。这些人工岛为水生植物提供了生长的环境，还为鱼类、底栖和两栖类动物提供了安全的栖息地和繁殖场所。这些生物在人工岛上繁衍生息，形成了自然界的多样性和生态平衡。同时，人工岛也为人们提供了独特的观赏河道景观的场所。人们可以在人工岛上欣赏到河道的美丽景色，感受大自然的魅力。

二、城市河流生态系统的营造

（一）河流水体垂向特征与生态系统构建

1. 河流生态系统构建的目标

河流生态系统是地球上最重要的生态系统之一，它为人类和动植物提供了生存和繁衍的场所。然而，随着人类活动的不断增加，河流生态系统面临着严重的威胁和破坏。因此，河流生态系统构建的目标是通过生态保护和生态工程技术恢复河道的自然属性，形成自然生态和谐、生态系统健康、安全稳定性高、生物多样性丰富、功能健全的生态型河道，促进河流生态系统的稳定和良性循环，实现河流生态系统的持续健康。

一个健康的河流生态系统应该具有合理的组织结构和良好的运转功能，系统内部的物质循环和能量流动顺畅。它应该能够维持长期或突发的自然或人为扰动，保持一定的弹性和稳定性，并表现出一定的恢复能力。

为了实现河流生态系统的健康，需要多因素共同作用。在进行河流生态系统修复时，必须将河流看作一个完整的、可实现动态平衡的生态系统。不能只关注某个单一的因素或方面，而需要全面考虑河流生态系统的各个方面。河流生态系统健康必须同时满足 4 个方面的要求。

①河流要有充足的流量和水流流态，并保持良好的水质。

②河岸带和河床条件符合自然、稳定、渐变的要求。

③水生生物群落（植物、动物、微生物、底栖生物等）丰富，生物多样

性良好。

④能够维持河流生态功能,满足流域经济社会发展要求。河流生态系统稳定与经济社会的发展是息息相关的。健康良好的生态河道对人类社会及经济的发展有着不可替代的作用。

营造河流生态系统,首先要修复河道生物的栖息环境,重视生态系统的食物链关系。只有构成生态金字塔底边的小型生物集群数量的恢复,才能使位于金字塔顶端的高级消费者生存栖息。

2. 河道垂向特征与水生动植物系统

河道水域可以划分为四个区域,分别是表层、中层、底层和基底。河水表层能充分受到光照。同时,表层与大气接触面积很大,使得水和空气之间的交换更加顺畅。特别是在急流、跌水和瀑布等地方,河水会更多地暴露在空气中,促进空气和水之间的相互作用。河水表层含有丰富的氧气,对于那些喜欢氧气的水生生物和能够通过氧化分解有机物的好氧性微生物来说是非常有利的。这也使表层成为河流初级生产的重要水层,浮游植物在这一层分布丰富。

随着水深的增加,太阳光照射的能量会逐渐减弱,对水体中层和底层的影响减弱。水温的变化缓慢,并且水中溶解氧含量也会逐渐下降,导致浮游生物的数量也随之减少。因为水的密度与温度密切相关,当水体较深时,常常会发生热分层现象,甚至会形成跃温层。当水深发生变化时,会引起一系列环境因素的改变,如光照、水温和浮游生物等,这些因素的改变会进一步导致生物群落呈现出分层的现象。河流中生活的鱼类有不同习性,有些喜欢在水面活动,有些则喜欢在水底生活,还有很多生活在水体中下层。

很多生物都依赖于基底部分,因为它可以起到支持、屏蔽、提供固着点和营养来源等多种作用。水生生物的分布直接受到基底的结构、物质组成、稳定性,以及可用营养物质的性质和数量等因素的影响。

河流的河床通常由卵石、砾石、沙子和黏土等物质构成,这种基质有良好的渗透性和多孔性,非常适合水生植物和湿生植物以及微生物的生存繁衍。不同大小的卵石的自然组合,也为一些鱼类提供了繁殖的场所。河床的渗透性使其成为地表水和地下水之间互相交换和连接的媒介。这些特征是河流生态系统功能完整和生物多样性维持的关键基础,丰富了河流生境的多样性。

（二）生态河道水生植物系统的营造

一个完整的水生生态系统，不但要有洁净的水源、水生动物，还必须包括各种水生植物。水生植物作为初级生产者，其种类组成、生态分布、群落结构及种群数量直接影响着河流生态系统的结构和水环境改善。

城市河道一般都缺乏深潭，其河岸缓冲带也宽窄不一，水生植物不但是各种鱼类的食物，还是它们的栖息地。同时，水生植物对净化水质、降低水体富营养化、增强河道的自净能力也起着不可替代的作用。在景观方面，种植特性不同、花期不同的水生植物，也是营造水文景观的一个重要方式。

根据生长条件的不同，河道植物分为常水位以下的水生植物、河坡植物、河滩植物和洪水位以上的河堤植物。选择植物时，不仅要达到丰富多彩的景观效果，层次感分明，具有良好的生态效果，还应根据水位和功能的不同，选择适宜该水位生长的植物。

在常水位线以下且水流平缓的地方，应多种植不同的生态景观功能的水生植物，要根据河道特点选择合适的沉水植物、漂浮植物、挺水植物，并按其生态习性进行科学配置，实行混合种植和块状种植相结合。

常水位至洪水位的区域是河道水土保持的重点，其上植物的功能要具有固堤、保土和美化河岸作用，河坡部分以湿生植物为主。河滩部分选择能耐短时间水淹的植物。河道植物的配置种植应考虑群落化，物种间应生态位互补，上下有层次，左右相连接，根系深浅相错落，以多年生草本和灌木为主体，在不影响行洪排涝的前提下，也可种植少量乔木树种。

（三）水生动物系统的营造

多样性的水生动物在水中形成完整的生物链，与水生植物互相依赖，互相作用，形成平衡的生态系统，使水体中的污染物质不断地消耗和降解，水体得以自净。水生动物在水体净化中的作用重要，水生动物是维持河流生态系统健康必不可少的组成部分。

依据生态系统物质转化和能量流动的基本规律以及水生动物的生物学特

性，可采用水生动物种群的重构技术，人工调控关键物种，进而利用生物操纵原理，通过生态系统的食物链网关系，重建水生动物的种群结构，提高水生动物的物种多样性，恢复和重建良好的水域生态环境和景观生态，改善水环境。

水生动物群落构建方式通常包括顶级动物群落构建、滤食性水生动物种群构建、食碎屑鱼类的引进等。

1. 顶级动物群落构建

根据水体的生态环境条件和鱼类组成特点，选择合适的物种，特别是先锋物种，因地制宜确立顶级消费者物种群落的构建模式。利用顶级生物的下行效应改善水质、维持良好生态环境。

2. 滤食性水生动物种群构建

依据水体生态环境条件和浮游生物生长情况，结合滤食性水生动物的基础生物学特性，确定滤食性水生动物的放养种类、数量、规格和方式。目前常用的滤食性水生动物主要有鲢鱼、鳙鱼等。

3. 食碎屑鱼类的引进

依据有机碎屑的资源量，引种增殖食碎屑鱼类，并保持适宜的种群数量。

三、城市河流亲水景观

（一）亲水景观设计原则及步骤

1. 亲水景观设计原则

在亲水景观的设计和后续的营造过程中，要注意亲水景观的安全性和亲水景观的游憩性。

（1）亲水景观安全性 一般地段的亲水景观设计通常很少考虑水域对人类安全性的威胁。例如，喷泉广场通常将水域设置在相对安全、舒适的地段，在这样的环境中，人们可以放心地游乐，而不用担心可能会对人们造成的安全威胁。然而，在自然滨水区进行亲水景观设计时，安全性应该是首要考虑的因素。

（2）亲水景观游憩性 在满足滨水区亲水景观安全需要的前提下，我们还需要适当地满足其亲水景观的游憩功能。游憩功能是滨水区亲水景观的重要组成部分，它能够为人们提供一个舒适、愉悦的休闲场所，增强滨水区的吸引力和活力。

2. 亲水景观设计步骤

在进行城市河道亲水景观设计时，可以按照下面的步骤进行。第一，确定规划河道的类型以及河流的断面形态，这需要深入分析河流功能与亲水之间的相互影响和要求，从而决定适合的亲水方式和亲水景观的类型。例如，对于宽阔的河流，可能需要设计更多的亲水设施，如步道、观景台等，以提供更多的亲水体验。第二，根据城市河道的平面形态、断面形态以及绿地性质，选择恰当的亲水活动。例如，如果河道周围有公园或绿地，可以设计一些休闲活动，如散步、野餐等。如果河道周围有商业区或住宅区，可以设计一些娱乐活动，如垂钓、划船等。第三，按照亲水性的要求，对水陆交接的部分（如河道的堤防）进行适当的修缮或改造。例如，加固堤防、增加绿化等措施，以确保亲水活动的安全性和舒适性。第四，设置相应的亲水场所和亲水设施。例如，步道、观景台、座椅、灯光等设施。同时，还需要考虑设施的布局和设计，以确保它们与周围环境相协调。第五，结合安全性等因素，综合评价设计效果，塑造亲水的场所。

（二）亲水景观类型

亲水景观主要包括亲水护岸、亲水平台、亲水广场、亲水步道、亲水草坪、亲水沙滩、其他亲水景观。

1. 亲水护岸

在设计护岸时，建议采用斜坡形或阶梯形，并利用自然的绿地和生态材料来修建，这样不仅可以为人们提供美丽的景观，还可以种植更多的树木。在滨水绿地的设计上，通常采用多级临水台地的方案，根据淹没周期，分别设置三种不同高度的台地，包括低台地、中间台地（允许临时建筑）和高台地（可建造永久性建筑）。这种设计能够保证绿地的稳定性和安全性。可以在比常规水位略高的地方设置亲水平台，这样可以与水利设施上的"马道"相结合，形成低台地。利用游憩活动的特征对岸线进行改造，既能增强河道的蜿蜒美，又能打造精彩绝伦的景观，同时还能提升其功能的实用性。

2. 亲水平台

在亲水护岸的水体边缘设置亲水平台，可满足人们观景休息类和与水接触类等多种滨水游憩活动。

3. 亲水广场

亲水广场是面积较大的亲水景观。在广场上布置休闲设施，供人们休闲散步娱乐、健身锻炼、观赏水景用。亲水广场的设计一般遵循六大原则：整体性、安全舒适性、健康性、文脉传承、生态性、参与性。一般在确定亲水广场规模时，多是以满足整体需求为前提进行设定的。在亲水广场的设计中，应以周边河道的空间利用特性等方面的调查资料为基础，来确定广场的规模和数量。

4. 亲水步道

亲水步道在水域内外呈现出一种连贯的环境空间，将滨水的广场、公园、绿化植物等有机地串联起来，构成了人们在水环境中活动的有机组织，是十分关键的连接元素。设计亲水步道时，需要充分考虑人类的行为习惯，以此为基础来确定合适的空间尺度、地面材料的舒适性、线路与距离间的关系以及在空间流畅性和对比度方面的处理。通常，亲水道路的宽度比较狭窄，仅有几米或十几米，长度则是沿着河流呈线性变化。在河道两侧，人们会间隔地设置座椅等户外休息设施，在路途中点缀各种小品和植物，创造出不同的空间感，如开敞、半开敞、私密等。

5. 亲水草坪

亲水草坪是一种软质面状的滨水区亲水景观，沿岸游客可以在此戏水玩耍、嬉戏踏水。岸边逐渐延伸着缓坡草坪，而水的深度在距离离岸 2m 的地方逐渐加深。在距离水面 0.1～0.2m 的地方，可以用灌木、山石或大小不一的原石等来岸线护底，这样既可以稳固岸线，同时也能赏心悦目地观赏到自然景观的丰富变化。水岸平缓的草坪可以打造出一个非常适宜公众休闲的区域，供人们散步、阅读、垂钓、戏水等各种活动。

6. 亲水沙滩

亲水沙滩是一种软质面状亲水景观，非常适合大批人前来休闲娱乐。它巧妙地利用了滨水资源，创造出一种独特的休闲空间，与传统的海滨沙滩不同，能够为游客带来别样的体验。

7. 其他亲水景观

亲水景观也包括一些亲水设施，包括水井、桥梁、水坝、水景观设施等，以及景观小品（如灯具、雕塑、假山置石、栅栏护栏等）、景墙（座椅、廊亭、遮阳棚等），以及一些瀑布跌水、喷泉景观等。

第六章 湖泊生态系统的修复

本章主要从湖泊的类型与特点、湖泊的结构与生态功能、湖泊生态系统修复的基本原理、湖泊生态系统修复的生态调控、湖泊生物操纵管理措施五个方面展开研究。

第一节　湖泊的类型与特点

地球上所有的水资源中，淡水湖泊所占比例不到水资源总量的 0.02%，但即便如此，淡水湖仍然是世界上许多地区最重要的水资源，例如湖泊可提供饮用、灌溉和景观用水，还可进行划船、游泳和垂钓等娱乐活动。湖泊具有很高的生物多样性，而且是许多陆生动物和水鸟的食物来源。

一、湖泊的类型

在一定环境地质、物理、化学和生物过程的共同作用下，湖泊经历了形成、演化成熟直至最终死亡的过程。因此，湖泊类型和湖泊环境具有显著的地域特点。

世界湖泊根据湖盆成因分类主要有以下几种。

（1）**火山湖**　火山成因的湖泊规模相对较小，但水深较大，如我国的五大连池。

（2）**构造湖**　地壳活动形成的构造断陷湖通常规模和水深较大，如洱海。

（3）**冰川湖**　冰川作用形成的湖泊。

（4）**堰塞湖**　断陷构造与地震滑坡共同形成的。

（5）**水库**　由筑坝拦截形成的大型人工湖泊。

（6）**河流成因的湖泊**　这类湖泊的亚种比较多，主要又分侧缘湖、泛滥平原湖、三角洲湖和瀑布湖等，我国长江中下游的大量湖泊均属于此类。

此外，还有风成湖、溶蚀湖和海岸过程形成的湖泊等。

二、湖泊的特点

（一）湖泊热平衡和水体季节性分层

具有较大水深的湖泊和水库由于水体中热量传递不均匀而出现季节性的温度分层现象，季节性水体分层是湖泊区别于河流等强水动力环境的重要特征。

水体温度分层结构的交替发展，控制着湖泊（水库）中水体的交换过程，使水的化学性质也出现相应的分布变化，如图 6-1 所示。

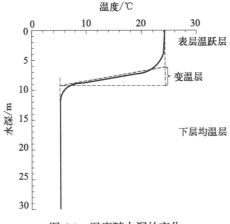

图 6-1 温度随水深的变化

夏季湖水分层期间，表层透光层浮游植物（藻类）的光合作用放出 O_2，因而上层水体中溶解氧可能过饱和；反之，下层水体中，由于呼吸作用和有机质降解作用相对较强，水体中溶解氧因此被消耗。水体分层能有效控制上、下水团的交换，逐渐形成水体溶解氧的分层结构。

在初级生产力高的富营养化湖泊（水库）中，下层有机质的矿化分解和表层透光层强烈的光合作用，随水体温度结构的发展可形成非常显著的溶解氧深度跌落分布。而在寡营养湖泊中，由于生物作用较弱，即使水体温度显著分层，下层水体溶解氧也不会有明显跌落。

（二）湖泊水文和湖流循环性质

地表径流是外流湖泊的主要水量补给源，湖泊水位变化受制于河川水情，如我国鄱阳湖出、入湖径流量占全湖水量总收支的 90% 以上。

全部湖水交换更新一次需要的时间称为换水周期。

湖水运动包括湖流、风浪、风涌水、表面定振波和湖水混合等现象。湖泊水体运动的主要驱动因素是湖面气象因素及河湖水量交换，气象因素中风起主导作用。

湖流：主要指湖泊中水团按一定方向前进的运动，又分为风生流、重力流和密度流。

湖泊定振波：是一种在湖泊中经常出现的水动力现象。这种波长与湖泊长度为同一量级的长波运动，是由多种因素共同作用形成的。其中，风力、气压突变和地震等都是导致湖泊定振波产生的重要原因。

风浪：是湖面上一种独特的现象。它的产生和消失，与风速、风向、吹程、持续时间和水深等因素密切相关。当风作用于湖面时，它会使水质点产生周期性的起伏运动，从而形成风浪。

风涌水：是指在强风或气压骤变时引起的漂流，是湖水迎风岸水量聚集，水位上涨，而湖泊背风岸水位下降。

湖水混合：湖中水分子或水团在不同水层之间相互交换的现象。在湖水混合过程中，湖泊不同水团之间的热量、动量、质量及溶解质按梯度趋势发生改变，使湖水理化性状在垂直及水平方向上趋于均匀。

第二节　湖泊的结构与生态功能

一、湖泊的结构

由于光的穿透深度和植物光合作用，湖泊在垂直和水平方向上均具有分层现象。水平分层可将湖泊区分为湖沼带、沿岸带和深水带。沿岸带和深水带都有垂直分层的底栖带。

（一）湖沼带

谈及开阔的湖沼带，人们惯常想到各色鱼类，但事实上，该地区最重要的生物是浮游动植物，而不是鱼类。浮游植物如鼓藻、硅藻和丝藻等生存于开阔水域，通过光合作用提供了湖沼带食物链的开端，其他生物的存亡在很大程度上受其影响。由于光线的深度限制，浮游植物主要分布在湖泊表层。随着夏季浮游植物的繁殖，它们将限制水中透过的日光深度，导致它们能够生存的深度变浅。在透光带内各种浮游植物的发育最适条件决定了它们各自所在的深度。由于浮游动物能够自主运动的特性，浮游动物通常会在不同的季节表现出季节分层现象。

在湖水春秋之际的对流期，浮游生物通常会随着水流下沉，而湖底分解产生的营养物质则会流入水面上缺乏营养的区域。湖水在春季变暖并分层后，水中的养分和日照增加，这有利于浮游植物的大量繁殖和增长。然而，随着时间的推移，营养物的消耗会导致浮游生物种群数量快速减少，尤其在浅水湖区更为显著。

湖沼带的自游生物主要是鱼类，其分布主要受食物、氧含量和水温等因素的影响。湖鳟在夏季迁移到比较深的水中生活；大嘴鲈鱼、狗鱼等鱼类则不同，它们在夏季常分布在温暖的表层水中，因为那里的食物最丰富，冬季则回到深水中生活。

（二）沿岸带

在湖泊和池塘边缘的浅水处生物种类最丰富。这里的优势种属植物是挺水植物，植物的数量及分布依水深和水位波动而不尽相同。浅水处有苔草和灯心草，稍深处有芦苇和香蒲等，还有慈姑和梭鱼草属植物也一起生长。再向内就形成了一个浮叶根生植物带，主要植物有百合和眼子菜。虽然这些浮叶根生植物根系不太发达，却具有很发达的通气组织。随水深进一步增大，浮叶根生植物无法继续生长，就会出现沉水植物。常见种类是轮藻和某些种类的眼子菜，这些植物缺乏角质膜，叶多裂呈丝状，可直接从水中吸收气体和营养物。

沿岸带可为整个湖泊提供大量有机物质。在挺水植物和浮叶根生植物带生活着各类动物，如原生动物、海绵、水螅和软体动物；昆虫则包括蜻蜓、潜水甲虫和划蝽等，后两者在潜水下寻觅食物时可随身携带大量空气。各种鱼类如狗鱼和太阳鱼都能在挺水植物和浮叶根生植物丛中找到食物和安全的避难所。太阳鱼灵巧紧凑的身体很适合在浓密的植物丛中自由穿行。

（三）深水带

水温和氧气供应是决定深水带内生物种类和数量的因素之一，而且其重要性与来自湖沼带的营养物和能量供应相当。在高生产力的水域中，氧气含量可能成为一种限制因素，这是因为分解者的耗氧量较高，因此好氧生物难以繁育。深水湖深水带占据了体积大部分，因此湖沼带的生产量相对较低，同时分解过程也不易完全消耗光氧气。通常情况下，只有在春秋两季的湖水对流期，湖水上层的生物才会出现在深水带，提高该区域的生物多样性。

容易分解的物质在下沉时进入深水带，一部分会被矿化，剩余的有机碎屑或生物残体则沉淀到湖底，与大量冲刷进来的有机物一同形成湖底沉积物，构成底栖生物的栖息环境。

（四）底栖带

深水带下面的氧气含量很低，而湖底软泥的生物活性很强。因为湖底沉积物内氧气含量极少，导致厌氧细菌成为该环境的主要生物。在无氧的环境下，有机物的分解不完全，导致它们在沉积到湖底后，不能被完全分解成无机物，会转变成一种腐烂味道浓厚的淤泥，其中含有大量的甲烷和硫化氢，过多的有机物被沉积下来时，会导致湖水变质，影响水生生物的生存。因此，只要沿岸带和湖沼带的生产力很高，深水湖湖底的生物区系就会比较贫乏。而具有深层滞水带的湖泊底栖生物往往较为丰富，因为这里并不太缺氧。此外，随着湖水变浅，水中透光性、含氧量和食物含量都会增加，底栖生物种类也会随之增加。

二、湖泊的生态功能

湖泊和池塘属于由陆地生态系统所环绕的水生生态系统，所以源自周围陆地生态系统的输入物会对它们产生重大影响。营养物和其他物质可以通过生态系统边界的地理、生物、气象和水文的通道进行交流。在湖泊和池塘中，能量和营养物质的传递方式可以通过捕食食物链和碎屑食物链。

湖沼带的初级生产依赖于浮游植物，而沿岸带则主要依赖于大型植物。浮游植物的生产量受到水中营养物含量的主要影响。如果营养物没有受到限制，那么浮游生物的生物量和生产量就存在一种线性关系。这意味着，净光合作用率会非常高，导致生物累积量也相应增加。当营养不充足时，生物的呼吸率和死亡率会上升，导致净光合作用减少并造成生物量减少。

湖泊的生物生产量也因大型水生生物的存在而得到显著提升。在湖沼生态系统中，浮游动物、浮游植物、细菌以及其他消费者通常从底泥和水体中获取营养。春季浮游植物会消耗湖沼带内的氮和磷，它们死后沉积在湖底，同时分解作用会减少固定在颗粒中的氮和磷的数量，增加溶解态氮和磷的含量。随着夏季浮游植物数量的减少，颗粒态和溶解态的氮、磷物质的浓度都会上升。但是磷主要积聚在湖下滞水层中，无法被浮游植物直接利用，只有等到秋季湖水开始对流，才能打破这种情况。引入大型植物能够改变上述情况，因为它们可以促进磷从沉积物进入水体，再被浮游植物吸收利用。

另外，浮游动物通过摄食浮游植物来参与氮和磷等营养物的循环，其在自然界中扮演着重要的角色。不同大小的浮游动物摄食浮游植物的大小也存在差异，浮游植物群落的组成成分和大小结构是由优势的浮游植物的大小决定的。反过来，其他动物又以浮游动物为食，如昆虫幼虫、甲壳动物和小刺鱼等。脊椎动物和无脊椎动物均以浮游生物为食，但前者可以捕食后者，同时前者也会成为食鱼动物的食物。

可见，湖泊食物链中每一个营养级的生物生产力受制于湖泊各物种之间的相互关系。就整个湖泊食物链而言，通常在种群密度适中时，才能达到最大生产值。图 6-2 展示了湖泊（水库）水体氧化还原界面概念图。

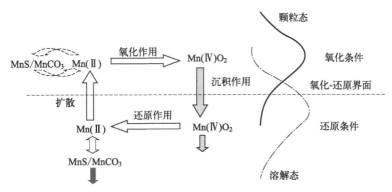

图 6-2　湖泊（水库）水体氧化还原界面概念图

第三节　湖泊生态系统修复的基本原理

一、湖泊反馈机制

许多有关湖泊富营养化的经验方程和数据均表明，大多数湖泊营养负荷和生态系统环境条件之间存在简单线性关系，但也有例外。尤其对于浅水湖而言，当湖泊营养负荷达到某临界点时，湖泊会突然跃迁到浑浊状态。许多研究者发现在营养负荷累积初期，湖泊内存在不可忽视的跃迁阻力，这些阻力可能是系统内某些反馈机制作用的结果，其中，生物反馈机制较为重要。例如，湖泊底部表面沉积物上的某些未吸附位点可以吸附水体的磷，导致营养物滞留，减缓或阻碍湖水营养物累积。

二、优势大型植物缓冲机制

在浅水湖中，大型沉水植物可以通过以下方式减缓富营养作用。

① 营养负荷增加时，大型沉水植物的生物量会增加，固定营养物的能力得以提高，因此使得夏天浮游植物可利用的营养物减少。

② 沉水植物的增加会减少沉积物的再悬浮，从而减少了再悬浮过程中所释放的营养物。

③ 一些实验表明，如果沉水植物的根和植物体表面积很大，那么会促进脱氧作用，减少湖水中氮的含量。

④ 浮游植物的光合作用受沉水植物遮蔽作用的影响，所以浮游植物数量会随之改变。

除上述有关影响光照、减少营养物等直接作用外，沉水植物净化水质的功能还包括一些间接作用。例如，在总磷浓度不变的条件下，沉水植物覆盖率高的湖泊更清澈，这主要是因为沉水植物的间接作用。首先，沉水植物可以通过减少波浪的冲击力来促进沉积物的沉积并减少沉积物的再悬浮。这样，由风引起沉积物再悬浮的浅水湖，其透明度更高一些。其次，沉水植物通过对鱼类群落结构的影响也可以减少沉积物的再悬浮。例如，深水鱼类寻找食物时会搅动沉积物，这实际上增加了营养物和悬浮沉积物的浓度。这些深水鱼在大型植物少的湖中很多，但在大型植物多的湖中却很少，大型植物多的湖中主要是鲤科淡水鱼和红眼鱼。最后，大型沉水植物能释放某些化学物质，抑制浮游植物的生长，从而使得大型沉水植物多的湖泊特别清澈。

大型植物会间接地影响鱼类和无脊椎动物，对浮游动物最为明显，因而对浮游植物也会产生一连串的影响。第一，大型植物有利于食肉性鱼类的存在，而不利于以浮游动物为食的鱼类的生存。第二，在富营养的湖中，白天，大型植物为浮游动物提供了避难所,使它能避免鱼类的捕食及夏天过强的光照。夜晚,当被捕食的危险降低时,浮游动物便会进入开放水域中。大型植物的这种避难所功能,增加了浮游动物对浮游植物的取食,有利于增加水体透明度,改善自身的生长条件。第三,在生活早期阶段,蚌类必须依赖大型沉水植物生存,它们对浮游植物的捕食,也会大大增加浅水湖的透明度。第四,一些与大型植物伴生的甲壳类动物会抑制浮游动物的生物量。

目前,研究人员对浮游植物增加、大型植物减少是否与富营养化有关仍存在争议。一种观点认为营养负荷增加会导致浮游植物和附生植物加速生长,沉水植物的光合作用减弱,并使沉水植物最终衰老死亡,使得营养物从增加的浮游植物中释放出来。另外一种观点认为鱼类数目增大,浮游植物和附生植物的生长因鱼类对浮游动物的捕食而被刺激,从而对大型沉水植物造成影响。这样,总磷含量间接地甚至直接地成了富营养化的启动因素。此外,其他一些因素也会影响沉水植物生存,包括水鸟捕食、水质、冬天鱼类捕杀以及春季天气条件变动等。

三、化学作用机制

在某些时候,湖泊总磷负荷已经降到足够低,但富营养化状态仍未得以改变。此时,降低营养负荷的限制因素可能是化学过程:营养负荷高时,湖泊底部沉积物聚集了大量的磷,形成一个营养库(磷的内部负荷),因此磷浓度仍保持很高,这种释放过程需要几年时间才能结束。

目前,许多湖泊中来自外部的营养负荷已经显著降低,主要是因为人为废水处理的情况得以改善。随着营养负荷的改变,一些湖泊能够迅速对其产生响应,而进入清水状态;但有些湖泊反应却很不明显,这是由于这些湖泊内营养物的减少程度不足以使湖泊自身启动富营养化修复过程。例如,在生物群落和水交换频繁的浅水湖中,只有在总磷(TP)浓度降到 0.05mg/L 以下时,才有可能达到清水状态。

营养负荷的升高和降低都会出现限制条件,两种状态的转换平衡是在中营养水平阶段发生的。众多理论研究和数据发现,两种状态转换的决定性因素是营养负荷改变开始前的状态和当前的营养水平(营养水平越低,出现清水状态的可能性越高),但人们对与营养水平相关的营养状态何时发生仍有争论。从 Danish（丹麦）湖转换的经验来看，两种状态交替出现在总磷浓度 0.04～0.15mg/L 时。另外，对于受废水严重影响的湖泊，由于周期性的高 pH 和高好氧均能使鱼类等死亡，因此会出现人为的清水状态。此外，水深和水温也起一定的作用。有毒有机物质在湖泊中的迁移、转化等主要过程如图 6-3 所示。

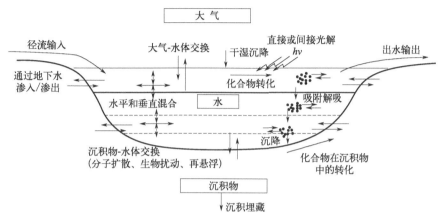

图 6-3　有毒有机物质在湖泊中的迁移、转化等主要过程

四、生物作用机制

在某种程度上，生物间的相互作用也会影响湖泊磷负荷及其物理化学性质。例如，底栖鱼类和浮游鱼类间的相互作用：肉食性鱼类的持续捕食，阻碍了大型食草浮游动物的出现，而水质能够显著地被这些食草浮游动物所改善，主要是由于其能减少底栖动物的数量及氧化沉积物。此外，鱼类对沉积物的扰动、底栖鱼类的排泄物会加重湖水浑浊程度；这样，光照强度被减弱，阻碍了沉水大型植物的出现和底部藻类的生长，从而使得湖泊保持较低的沉积物保留能力。

食草性水鸟（如白骨顶和疣鼻天鹅）的取食，使大型沉水植物的繁殖被推迟，这也是一种生物限制因素。在沉水植物的指数生长阶段，植物的生长速度与水鸟的捕食速度相比是略高的。然而，在冬天水鸟对块茎、鳞茎的取食相对较少，主要以植物为食。因此，可以通过水鸟的迁徙减少次年的植物密度，增加营养浓度。

第四节　湖泊生态系统修复的生态调控

一、湖泊生态系统修复的生态调控措施

治理湖泊的方法有物理方法，如机械过滤、疏浚底泥和引水稀释等；化学方法，如杀藻剂杀藻等；生物方法，如放养鱼等；物化法，如木炭吸附藻毒素等。各类方法的主要目的是降低湖泊内的营养负荷，控制过量藻类的生长，均取得了一定的成效。

（一）物理、化学措施

在控制湖泊营养负荷实践中，研究者已经发明了许多方法来降低内部磷负荷，例如通过水体的有效循环，不断干扰温跃层，该不稳定性可加快水体与 DO（溶解氧）、溶解物等的混合，有利于水质的修复；削减浅水湖的沉积物，采用铝盐及铁盐离子对分层湖泊沉积物进行化学处理，向深水湖底层充入氧或氮。

（二）水流调控措施

湖泊的水"平衡"现象是一个非常重要的生态现象。它不仅影响着湖泊的营养供给，还影响着水体的滞留时间以及由此产生的湖泊生产力和水质。如果水体滞留时间很短，比如在 10 天以内，那么藻类生物量就不可能积累。然而，如果水体滞留时间适中，比如在几天到几周之间，那么藻类就能够大量吸收营养物质，有足够的时间供它们的生长和积累。如果水体滞留时间足够长，比如在 100 天以上到几年之间，那么藻类生物量的积累就会更加明显。因此，营养物质的输入和水体的滞留时间是影响藻类生产的两个重要因素。它们共同影响着湖泊的生态平衡和湖泊的生产力。通过了解这两个因素对藻类生产的影响，可以预测湖泊状况的变化，从而更好地管理和保护湖泊生态系统。

为控制浮游植物的增加，使水体内浮游植物的损失超过其生长，除对水体

滞留时间进行控制或换水外，增加水体冲刷以及其他不稳定因素也能实现这一目的。由于在夏季浮游植物生长不超过 3～5d，因此这种方法在夏季不宜采用。但是，在冬季浮游植物生长慢的时候，冲刷等流速控制方法可能是一种更实用的修复措施，尤其对于冬季藻青菌的浓度相对较高的湖泊十分有效。冬季冲刷之后，藻类数量大量减少，次年早春湖泊中大型植物就可成为优势种属。这一措施已经在荷兰一些湖泊生态系统修复中得到广泛应用，且取得了较好的效果。

（三）水位调控措施

水位调控已经被作为一类广泛应用的湖泊生态系统修复措施。这种方法能够促进鱼类活动，改善水鸟的生境，改善水质，但由于娱乐、自然保护或农业等因素，有时对湖泊进行水位调节或换水不太现实。

由于自然和人为因素引起的水位变化，会涉及多种因素，如湖水浑浊度、水位变化程度、波浪的影响（风速、沉积物类型和湖的大小）和植物类型等，这些因素的综合作用往往难以预测。一些理论研究和经验数据表明水深和沉水植物的生长存在一定关系。即，如果水过深，植物生长会受到光线限制；反之，如果水过浅，频繁的再悬浮和较差的底层条件，会使得沉积物稳定性下降。

通过影响鱼类的聚集，水位调控也会对湖水产生间接的影响。在一些水库中，有人发现改变水位可以减少食草鱼类的聚集，进而改善水质。而且，短期的水位下降可以促进鱼类活动，减少食草鱼类和底栖鱼类数量，增加食肉性鱼类的生物量和种群大小。这可能是因为低水位生境使受精鱼卵干涸而令其无法孵化，或者增加了被捕食的危险。

此外，水位调控还可以控制损害性植物的生长，为营养丰富的浑浊湖泊向清水状态转变创造有利条件。浮游动物对浮游植物的取食量由于水位下降被增加，改善了水体透明度，为沉水植物生长提供了良好的条件。这种现象常常发生在富含营养底泥的重建性湖泊中。该类湖泊营养物浓度虽然很高，但由于含有大量的大型沉水植物，在修复后一年之内很清澈，然而几年过后，便会重新回到浑浊状态，同时伴随着食草性鱼类的迁徙进入。

（四）大型水生植物的保护和移植

水生高等植物和藻类在富营养化水体中扮演着初级生产者的角色，二者竞争养分、光照和生长空间等生态资源。因此，通过种植和修复水生植物，可以有效地进行富营养化水体的生态修复。

围栏结构可以保护大型植物免遭水鸟的取食，这种方法可以作为鱼类管理的一种替代或补充方法。围栏能提供一个不被取食的环境，大型植物可在其中自由生长和繁衍。此外，白天它们还能为浮游动物提供庇护。这种植物庇护作为一种修复手段是非常有用的，特别是在小湖泊和由于近岸地带扩展受到限制或中心区光线受到限制的湖泊更加明显，这是因为水鸟会在可以提供巢穴的近岸区聚集。在营养丰富的湖泊中植物作为庇护场所所起的作用最大，因为在这样的湖泊中大型植物的密度是最高的。另外，植物或种子的移植也是一种可选的方法。

（五）生物操纵与鱼类管理

生物操纵是一种干预自然生态系统的食物链的方法。例如，去除浮游生物捕食者或添加食鱼动物的数量，从而降低以浮游生物为食的鱼类数量。通过这种方式，浮游动物的体型可以增大，生物量增加，从而提高它们对浮游植物的摄食效率，进而降低浮游植物的数量。

生物操纵可以通过许多不同的方式来克服生物的限制，进而加强对浮游植物的控制，利用底栖食草性鱼类减少沉积物再悬浮和内部营养负荷。Drenner（德伦纳）和 Hambright（汉布赖特）认为生物管理的成功例子大多是在水域面积 $25hm^2$（$1hm^2=10^4m^2$）以下及深度 3m 以下的湖泊中实现的。不过，有些在更深的、分层的和面积超过 $1km^2$ 的湖泊中也取得了成功。

引人注目的是，在富营养化湖中，当鱼类数目减少后，通常会引发一连串的短期效应。浮游植物生物量的减少改善了透明度。小型浮游动物遭鱼类频繁地捕食，使叶绿素 a/TP 的比率常常很高，鱼类管理导致营养水平降低。

在浅的分层富营养化湖泊中进行的实验表明，总磷浓度大多下降 30%~50%，水底微型藻类的生长通过改善沉积物表面的光照条件，刺激了无机氮和磷的混合。由于捕食率高（特别是在深水湖中），水底藻类浮游植物不会沉积太多，低的捕食压力下更多的水底动物最终会导致沉积物表面更强的氧化还原作用，这减少了磷的释放，进一步刺激加快了硝化-脱氮作用。此外，底层无脊椎动物和藻类可以稳定沉积物，因此减少了沉积物再悬浮的概率。更低的鱼类密度减轻了鱼类对营养物浓度的影响。而且，营养物随着鱼类的运动而移动，随着鱼类而移动的磷含量超过了一些湖泊的平均含量，相当于20%~30%的平均外部磷负荷，这相比于富营养湖泊中的内部负荷还是很低的。

最近的发现表明，如果浅的温带湖泊中磷的浓度减少到0.05mg/L以下并且超过6~8m水深时，鱼类管理将会产生重要的影响，其关键是使生物的结构发生改变。通常生物结构在这个范围内会发生变化。然而，如果氮负荷比较低，总磷的消耗会由于鱼类管理而发生变化。

（六）适当控制大型沉水植物的生长

虽然大型沉水植物的重建是许多湖泊生态系统修复工程的目标，但密集植物床在营养化湖泊中出现时也有危害性，如降低垂钓等娱乐价值，妨碍船的航行等。此外，生态系统的组成会由于入侵种的过度生长而发生改变，如狐尾藻在美国和非洲的许多湖泊中已对本地植物构成严重威胁。对付这些危害性植物的方法包括特定食草昆虫如象鼻虫和食草鲤科鱼类的引入、每年收割、沉积物覆盖、下调水位或用农药进行处理等。

通常，收割和水位下降只能起到短期的作用，因为这些植物群落的生长很快而且外部负荷高。引入食草鲤科鱼的作用很明显，因此目前世界上此方法应用最广泛，但该类鱼过度取食又可能使湖泊由清澈转为浑浊状态。另外，鲤鱼不好捕捉，这种方法也应该谨慎采用。实际过程中很难摸索到大型沉水植物的理想密度以促进群落的多样性。

大型植物蔓延的湖泊中，经常通过挖泥机或收割的方式来实现其数量的削减。这可以提高湖泊的娱乐价值，提高生物多样性，并对肉食性鱼类有好处。

二、温带富营养化湖泊生态调控过程

在湖泊生态系统修复前，工作人员应掌握湖泊过去、目前的环境状态和营养负荷，仔细考虑应采用什么方法，并确定合适的解决方法。下面列出了富营养化温带湖泊生态系统修复推荐采用的操作过程。

（一）现状测定

通过用地区系数模型或直接测定可确定每年的氮、磷负荷。通过OECD

（经济合作与发展组织）模型，能够计算出湖泊的磷含量并和平均营养浓度的实际测量值进行比较。管理者可以应用校正过的 OECD 模型（浅水湖、深水湖或水库）或者本地湖泊的经验模型。

（二）控制污染源

控制污染的第一步是减少外部的磷输入点源，这可以通过降低肥料用量、建立沟渠以改变漫流状况、构建湿地和改进废水处理等实现。在总磷浓度比较高且总氮负荷较低的浅水湖中，由于过去的污水排放或者自然条件的原因，在 TP 浓度较高时湖水也可能很清澈。在深水湖中，氮补偿分解似乎与氮固定相抵消，结果使得藻青菌占据优势。

如果已经达到了足够低的外部负荷，但湖泊仍处于浑浊状态，可以采取一些措施，以进一步减少外部负荷，实现水质的长久改善。

（三）富营养化治理

如果测定的总磷浓度 TP 比 OECD 模型或本地模型计算的关键值高很多，并且在生长季节 TP 有规律地升高，说明内部负荷比较高。如果深水湖的 TP 超过 0.05mg/L，浅水湖超过 0.25mg/L，仅通过生物管理难以实现长期作用。这种情况应考虑采用物理化学方法，如在浅水湖中可采用沉积物削减或用铁盐、铝盐进行处理；在深水湖中可采用底层湖水氧化法，再结合化学处理。

如果 TP 浓度在浅水湖中接近 0.1mg/L，深水湖中接近 0.02mg/L，鱼类密度较高并以底栖食草性鱼类为主，叶绿素 a/TP 较高时，可以采用生物管理方法。如果在浅水湖中，采用其他的生物措施也可行。若大型蚌类出现但不能定居，可以考虑从邻近的湖泊或河流中引进。

如果外部负荷超过上述范围，削减营养物负荷就存在经济或技术上的问题。若要改善环境状态，除运用上面提到的方法外，还需要做后续的持续处理。

如果大型沉水植物的生物量过大，推荐每年进行部分收割，当然也可选用生物控制，如鲤科鱼类或食草昆虫（如象鼻虫）。

如图 6-4 和图 6-5 所示，分别展示了湖泊水环境中氮、磷的循环过程。

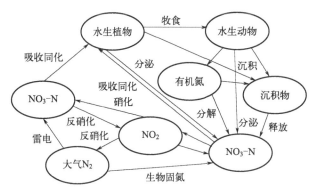

图 6-4 湖泊水环境中氮的循环过程

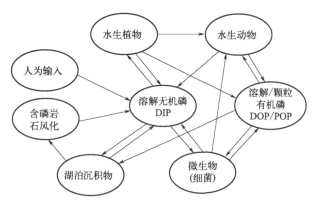

图 6-5 湖泊水环境中磷的循环过程

第五节 湖泊生物操纵管理措施

在对湖泊进行生物操纵管理之前，应该对所选用的方法进行理论和应用方面的全面评价，建立适当的组织和管理设施，并制订出详细的工作计划以实现管理目标。生物操纵规划阶段还应详尽地征求渔业所有者和公众的意见。此外，应防止肉食性鱼类和其他有价值的物种从未管理区迁徙进入管理区，这是管理规划的一个关键点。对于一些需削减鱼群的湖泊，还应做好必要的准备工作，包括捕捞、运输和最终使用归宿等。对于大型湖泊而言，其管理规划必须有有经验的专业渔民的参与，因为他们拥有捕捞、运输鱼类的技术和必要的设备以及器具；对于小型湖泊而言，当地居民的参与比较重要。由于捕鱼和生物操纵对鱼类群落的影响是不断随时间和具体情况变化的，因此，对湖泊进行实时、连续监测很重要，这样，管理者可以根据管理目标的状态来不断调整管理策略，进而找到合适的方法进行湖泊的修复与管理。

一、确定湖泊鱼类削减量

鱼类削减对于湖泊生态系统修复十分必要，只有确定足够的鱼类削减量，才能保证削减作用长期有效。在一些成功的项目中，削减量至少为湖泊生物量的 70%～80%，达到每公顷几百千克。一般而言，削减目标是使湖中的生物量降低到 $5kg/hm^2$。若湖中留下的鱼仍未成熟，那么目标值就需进一步减小。

利用电子捕鱼法定点采样效率高、花费低，因此，可以用电子捕鱼法分析不同湖泊中的物种丰富度。这种方法适合取样量较大和分层随机取样的情况，有利于结果的分层次分析。鱼群密度可以通过在垂直区域用拖网捕捉调查估计，对深水湖可以采用综合采样或声学方法，如在海岸区可以采用垂直和水平回声法。而对于一些重要物种如胡瓜鱼只能用捕捉法或回声法探测。对于物种较少的小溪常常采用传统的再标记法。通过鱼类削减数据的分析可以对目标的精确度进行控制。监测方法的联合采用可以判断当湖水转向清水状态后物种行为改变的原因，或者判断 CPUE（单位捕捞努力量渔获量）是否真正发生改变。

二、鱼类管理的技术与策略

在湖泊的修复过程中，若想要使鱼类管理的效率最大化，那么掌握目标湖泊中鱼类物种的细节知识是十分必要的。尤其需要加强对幼年鱼类的控制和评价，因为它们可能对水质产生更大的影响。但一般湖泊中的幼年鱼群不能被商业捕鱼工具所削减，因此需要采用更小网眼（10～20mm）的工具。食鱼类鱼群的保留可以作为管理的后续措施。

三、主动工具与方法

在温带湖泊中，对秋季和冬季聚集的鱼类进行主动捕获是最重要的鱼类削减方法。这一方法可以选择不同年龄组的鱼群，也可以选择不同目标鱼类。幼年鲤科鱼在夏季分布在沿岸带，在秋冬季会聚集在沿岸带边缘、支流处和船桥下，或者聚集在浅水湖、深水湖滩中的自然或人工鱼巢中。削减鱼类时，人们在浅水湖常常采用电子捕鱼法或者渔网，在深水湖则采用远洋拖网或渔网。

四、被动工具与方法

采用被动工具对在湖泊盆地以及沿岸带植被、不同生境中进行昼夜、季节性迁移的鱼类进行捕获，切实有效。这些鱼类的洄游时间和地点可被人们准确预测，使用渔网或长袋网在其洄游途中或产卵地能将它们捕获。人工捕捉设施在产卵时间过后被移走。另外，适当的人工水位调节可以防止目标鱼类产卵及其受精卵的发育。如果网眼足够小，许多包括其幼体在内的鱼类都可被削减。因此，夏季时在沿岸带区域和在发生昼夜水平迁移的沿岸带到湖沼带间的区域内都可以用小型长袋网捕获鱼类。在封闭与其他湖泊的迁移通道或坝前时，也可用这种小型渔网或长袋网削减聚集的鱼群。此外，小湖中选择性地捕获鱼类大多用刺网。

五、扩大食肉鱼类种群

扩大食肉鱼类种群的方法是采取相应的生境管理措施（如曝气或岸线管理）以及在湖泊或池塘中培育鱼苗。欧洲湖泊中食肉鱼类储备比北美的效果差一些。但最近的例子表明，欧洲一些湖泊中，即使食肉鱼类在湖泊占据优势地位，也不能阻止鲤科鱼类的扩张，在缺少大型植物的湖泊中尤为明显。池塘生态系统如图 6-6 所示。

六、鱼类管理的费用

由于各种因素的影响，削减单位质量的鱼类，会产生较大的费用波动。一般来讲，采用袋网或围网捕鱼比刺网费用低，小湖比大湖的费用高。渔网、长袋网和当地渔民的一些自制工具，价钱便宜，同时又很实用。特别在小湖中，削减鱼类主要依靠当地经验丰富的渔民。

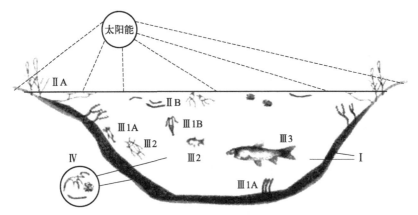

图 6-6　池塘生态系统示意图

Ⅰ—环境中的无机物质和有机物质；ⅡA—初级生产者（水生植物）；ⅡB—初级生产者（浮游植物）；Ⅲ1A—初级消费者（底栖食草动物）；Ⅲ1B—初级消费者（浮游动物）；Ⅲ2—次级消费者（食肉动物）；Ⅲ3—三级消费者（次级食肉动物）；

Ⅳ—腐食动物（细菌和真菌）

第七章 湿地生态修复

本章依次介绍了湿地的概念与类型、湿地的结构和功能、湿地生态修复的目标与原则、湿地生态修复的过程和方法、湿地生态修复的检测与评价五个方面的内容。

第一节 湿地的概念与类型

近年来，湿地生态系统作为世界上最具生物多样性的生态景观，备受重视，同时与湿地相关的研究也越来越多。联合国环境规划署（UNEP）、世界自然保护同盟（IUCN）和世界自然基金会（WWF）编制的世界自然资源保护大纲中，湿地与森林、海洋一起并列为全球三大生态系统。

有别于陆生生态系统（草地、森林等）和其他水域生态系统，湿地是一类介于两者之间的生境。由于环境学与水文学存在许多分支学科，不同学科中湿地的定义也不同。因此，在进行湿地修复时，通常需要对湿地类型加以区别。

一、湿地的概念

《湿地公约》将湿地定义为：一种自然或人工形成的生态系统，其特点是长久或暂时性的沼泽地、泥炭地或水域地带，包括静止或流动的淡水、半咸水和咸水体。这些湿地通常具有较低的水位，甚至在低潮时不超过 6 米的水域。湿地是陆地生态系统和水生生态系统之间的过渡带，其水位常常较浅或接近陆地表面。这些湿地广泛分布在海岸带和部分内陆区域，对于生态系统的平衡和稳定起着至关重要的作用。湿地既包含一系列湿度不同的生境，也包括许多旱生生态系统的环境因素；同时，由于在地形条件和补给水源的综合作用下形成此类湿地生境，即在排水不畅、水源充足或两者综合作用下发展形成，因此水生生态系统的一些特征在湿地也有所显示。水源及其机制的不同可以增加湿地的多样性。

二、湿地的类型

同湿地的定义一样，由于湿地研究的目的和方法以及湿地的地域性差异等原因，不同的国家甚至同一国家不同的学派或学者在湿地分类上表现出明显的不同。目前采用比较广泛的是《湿地公约》的分类系统，共分为海洋/海岸湿地、内陆湿地和人工湿地 3 大类，42 型（表 7-1）。其中海洋/海岸湿地 12 型，内陆湿地 20 型，人工湿地 10 型。在《湿地公约》分类系统的基础上，结合我国的湿地资源状况，将我国常见的湿地分为 5 类 34 型，即近海与海岸湿地（12型）、湖泊湿地（4 型）、沼泽湿地（9 型）、河流湿地（4 型）和人工湿地（5 型）。

表 7-1 《湿地公约》分类体系

湿地系统	湿地大类	湿地型	公约指定代码	说明
天然湿地	海洋/海岸湿地	浅海水域	A	低潮时水位在 6m 以内水域，包括海湾和海峡
		海草床	B	潮下藻类、海草、热带海草植物生长区
		珊瑚礁	C	珊瑚礁及其邻近水域
		岩石海岸	D	海岸岛礁及海边峭壁
		沙滩、砾石与卵石滩	E	滨海沙洲、沙岛、沙丘及丘间沼泽
		河口水域	F	河口水域和河口三角洲水域
		滩涂	G	潮间带泥滩、沙滩和海岸、其他淡水沼泽
		盐沼	H	滨海盐沼、盐化草甸
		红树林沼泽	I	海岸咸、淡水森林沼泽
		咸水、碱水潟湖	J	有通道与海水相连的咸水、碱水潟湖
		海岸淡水潟湖	K	淡水三角洲潟湖
		海滨岩溶洞穴水系	Zk(a)	滨海岩溶洞穴
	内陆湿地	永久性内陆三角洲	L	内陆河流三角洲
		永久性河流	M	河流及其支流、溪流、瀑布
		时令河	N	季节性、间歇性、不规则性小河、小溪
		湖泊	O	面积大于 8hm² 的淡水湖泊，包括大型牛轭湖
		时令盐湖	P	季节性、间歇性淡水湖，面积大于 8hm²
		盐湖	Q	咸水、半咸水、碱水湖
		时令盐湖	R	季节、间歇性咸水、半咸水湖及其浅滩
		内陆盐沼	Sp	内陆盐沼及其泡沼

续表

湿地系统	湿地大类	湿地型	公约指定代码	说明
天然湿地	内陆湿地	时令碱、咸水盐沼	Ss	季节性盐沼及其泡沼
		淡水草本沼泽	Tp	草本沼泽及面积小于 $8hm^2$ 生长植物的泡沼
		泛滥地	Ts	季节性洪泛地、湿草甸和面积小于 $8hm^2$ 的泡沼
		草本泥炭地	U	无林泥炭地，包括藓类泥炭地和草本泥炭地
		高山湿地	Va	高山草甸、融雪形成的暂时水域
		苔原湿地	Vt	高山苔原、融雪形成的暂时水域
		灌丛湿地	W	灌丛为主的淡水沼泽，无泥炭积累
		淡水森林沼泽	Xf	淡水森林沼泽、季节性泛滥森林沼泽、无泥炭积累的森林沼泽
		森林泥炭地	Xp	泥炭森林沼泽
		淡水泉	Y	淡水泉及绿洲
		地热湿地	Zg	温泉
		内陆岩溶洞穴水系	Zk(b)	地下溶洞水系
	人工湿地	水产养殖池塘	1	鱼虾养殖池塘
		水塘	2	农用池塘、储水池塘，面积小于 $8hm^2$
		灌溉地	3	灌溉渠系与稻田
		农用洪泛湿地	4	季节性泛滥农用地，包括集约管护和放牧的草地
		盐田	5	采盐场
		蓄水区	6	水库、拦河坝、堤坝形成的大于 $8hm^2$ 的储水区
		采掘区	7	积水取土坑、采矿地
		污水处理厂	8	污水厂、处理池和氧化塘等
		运河、排水渠	9	输水渠系
		地下输水系统	Zk(c)	人工管护的岩溶洞穴水系等

（一）近海及海岸湿地

近海及海岸湿地是陆地和海洋交界处最为活跃的地区，这里生物种类众多，产量高，对于全球变化的应对、防风护岸、降解污染以及调节气候等方面具有重要作用。沿着海岸线，有1500多条大中型河流注入海洋，从而形成了多种不同的生态系统，包括浅海滩涂生态系统、河口海湾生态系统、海岸湿地生态系统、红树林生态系统、珊瑚礁生态系统和海岛生态系统6大类，30多种类型。以杭州湾为界，滨海湿地可分为南、北两个区域。北部主要是沙质和淤泥质海滩，这里的植被茂盛，潮间带生态系统中的无脊椎动物数量丰富，同时浅水区也容纳了大量的鱼类，这为鸟类提供了丰富多样的食源和栖息场所。南部地区多以岩石性海滩为主，而主要的河口和海湾包括钱塘江口-杭州湾、晋江口-泉州湾、珠江河口湾和北部湾等。这些海湾和河口周围通常分布着红树林，而在西沙、南沙、台湾以及海南沿海，其北缘靠近北回归线的一些地区存在着热带珊瑚礁。近海及海岸湿地主要分布在河口三角洲、沙丘间洼地、堤外洼地、潟湖及潮间、潮下带。

近海及海岸湿地主要有以下几种类型。

（1）**红树林沼泽** 分布在潮间带，以红树植物为主。

（2）**海草湿地** 位于海洋低潮线以下潮下水生层，生长海草植被，植被盖度 $\geqslant 30\%$。

（3）**潮间盐沼** 由盐生植物组成，常见碱蓬、盐地碱蓬、辽宁碱蓬、角碱蓬、海三棱藨草、獐毛等，植物盖度 $\geqslant 30\%$。

（4）**潮间淤泥质海滩** 植被盖度 $\leqslant 30\%$，底质以淤泥为主。

（二）湖泊湿地

中国地域辽阔，遍布着各种湖泊。从高山到平原，自大陆至岛屿，无论是湿润区还是干旱区，都有天然湖泊存在的存在。即使是干旱的沙漠地区和严寒的青藏高原也不例外。湖泊的称谓因地域差异、风俗习惯和语言的多样性而异。例如，太湖流域使用荡、漾、塘等词汇，而松辽地区则使用泡或成泡子，而内蒙古则使用诺尔、淖或海子等称呼。

湖泊是在一定的地质历史和自然地理背景下形成的。由于我国各地自然环境差别较大，以及湖泊形成和发展历程的多样性，我们可以看到各个区域所具备的不同特点和形态：有海拔最高的湖泊，也有位于海平面以下的湖泊；有浅水湖，也有深水湖；有湖泊水流通畅的，也有湖泊水流不畅的；有淡水湖，也有咸水湖；等等。

中国的湖泊在分布上十分广泛，但分布不是完全均匀的。根据湖泊的地理分布和形成状况，将全国划分为五个主要的湖区，分别是青藏高原湖群、东部平原湖群、蒙新高原湖群、东北平原及山地湖群、云贵高原湖群。湖泊最为集中的区域，位于长江中下游以及青藏高原地带。我国的湖泊可以依据其成因分为以下八类。

1. 构造湖

构造湖是受地质构造影响和控制而形成的湖泊，多分布在高山高原地区，部分分布在平原区。如青藏高原的青海湖、羊卓雍错、纳木错，昆仑山下的可可西里湖，云贵高原的滇池、洱海，内蒙古高原的呼伦湖，台湾岛著名的日月潭。另外，平原地区在大构造运动转折地带也有因构造差异运动和新构造运动影响而形成的构造湖，如长江中下游的洞庭湖、鄱阳湖和巢湖，位于中俄边界的兴凯湖等。

2. 河成湖

这类湖泊的形成与河流发育、变迁有关，主要分布在河流两侧。如黄河干流以南的南四湖，淮河中下游的洪泽湖、宝应湖、邵伯湖。此外，还有江汉湖群、海河洼地、华北平原大运河两侧的湖泊、松嫩平原沿嫩江和松花江两侧的湖泊，等等。

3. 火山口湖

火山口湖是岩浆喷发形成的火山锥体由于干物质大量散失，压力急剧减少，顶部和周围岩石失去支撑力，发生塌陷形成的火山洼地，待喷发的火山口休眠后，经积水成湖。我国的火山口湖主要分布在东北的长白山。这里火山活动广泛，期次多、锥体多，因而长白山是全国火山口湖与熔岩堰塞湖最多的地区，如长白山天池火山口湖群、龙岗山火山口湖群。此外，大兴安岭东麓鄂温克旗哈尔新火山群的奥内诺尔火山顶有一个小型火山口湖，云南腾冲市有北海、大龙潭、小龙潭等火山口湖，广东湛江有湖光岩火山口湖，台湾宜兰平原外龟山岛上的龟头和龟尾也各有一座火山和火山口湖。

4. 堰塞湖

堰塞湖是由火山熔岩流、冰碛物或由地震活动使山体岩石崩塌下来等原因引起山崩滑坡体等堵截山谷、河谷或河床后贮水而形成的湖泊。由火山熔岩流堵截而形成的湖泊又称为熔岩堰塞湖。最典型的熔岩堰塞湖是黑龙江省宁安市境内的镜泊湖，它是由于火山喷发的玄武岩流在吊水楼附近形成宽40m、高12m的天然堰塞堤，拦截牡丹江（松花江支流）出口形成的堰塞湖。另外，黑龙江省五大连池市郊的五大连池是由于1719—1721年古火山再次喷发堵塞了白河，形成念珠状的5个湖泊，即五大连池。

5. 冰川湖

冰川湖是指小型山地湖泊，尤其是冰川侵蚀而成的围椅状洼地中的湖泊。其特点是分布位置海拔高、面积小，多数是有出口的小湖。我国冰川湖主要分布在高海拔的喜马拉雅山东南、念青唐古拉山和青藏高原东南。如西藏南部的八宿错、多庆错，西藏东部丁青县的布冲错湖，新疆境内博格达山北坡天池，阿尔泰山的哈纳斯湖等。

6. 岩溶湖

岩溶湖是由于碳酸盐地层经流水溶蚀产生岩溶洼地、漏斗或落水洞等被堵塞，经汇水而成的湖泊。其特点是面积不大，呈圆形、椭圆形或长条形，湖水较浅。我国岩溶湖主要分布在贵州、云南和广西的岩溶地貌发育的地区。如贵州的威宁县草海等。

7. 风成湖

风成湖是因沙漠中丘间洼地低于浅水位，由沙丘四周渗流汇集而成的。这类湖泊的特点：一是面积小，多为无出口的死水湖，湖形多变；二是多为时令湖，常常冬季积水成湖，夏季干涸无水，成为草湖；三是湖泊极不稳定，随着沙丘的移动经常被淹没而消失；四是由于沙漠地区蒸发强烈，盐分易于积累，湖水矿化度高，大部分湖底有结晶盐析出。巴丹吉林沙漠，在高大沙丘间的低地分布有数百个风成洼地湖，如伊和扎格德海子；腾格里沙漠大多是积水很少或无积水的湖盆；浑善达克沙地、科尔沁沙地和呼伦贝尔沙地多是残留湖，积水很少；毛乌素沙地分布有众多风成湖，多是苏打湖和富含氯化物的湖。

8. 海成湖

海成湖也称漏湖，是在海岸变迁过程中，由于泥沙的沉积使部分海湾与海洋分离而成的，如宁波的东钱湖、杭州的西湖、太湖及周围湖群。

（三）沼泽湿地

湿地类型中最为重要的是沼泽湿地，它包括沼泽和沼泽化草甸。沼泽是一种特殊的湿地类型，其特点在于地表经常或长期处于湿润状态。在沼泽中，植被通常非常丰富，包括各种湿地植物、草本植物和灌木等。这些植物在沼泽中生长繁茂，形成了独特的湿地生态系统。沼泽湿地主要有以下几种类型。

1. 藓类沼泽

藓类沼泽是沼泽湿地的一个湿地型，是指群落的优势层为藓类植物的沼泽，以藓类植物为主，盖度100%，有的形成藓丘，伴生有少量灌木和草本。一般有薄层泥炭发育。

2. 草本沼泽

它是我国沼泽植被的主体，类型多，面积大，遍布于全国。按建群植物不同可分为莎草沼泽、禾草沼泽和杂类草沼泽三类，植物盖度≥30%。发育泥炭或潜育层。

3. 灌丛沼泽

灌丛沼泽指以灌丛植物为优势群落的淡水沼泽，植被盖度≥30%。一般无泥炭堆积。

4. 森林沼泽

森林沼泽的植被主要是木本植物，常见有落叶松、冷杉、水松、赤柏等，植被盖度≥0.2%。一般有泥炭或潜育层发育。

5. 沼泽化草甸

沼泽化草甸包括河湖滩地，它主要是由季节性和临时性积水引起的沼泽化湿地。无泥炭发育。

6. 内陆盐沼

内陆盐沼的主要植物是多年生盐生植物，如盐角草、柽柳、碱蓬、碱茅、獐毛等，植被盖度≥30%。一般无泥炭发育。

在我国，沼泽湿地在各地区都有分布，但最为集中的地带还是寒温带、温带湿润地区。符合寒温带、温带湿润条件的地区主要有大小兴安岭、长白山地、三江平原、辽河三角洲、青藏高原的南部和其东部的若尔盖高原、长江与黄河的源区、河湖泛洪区、入海河流三角洲等，三角洲的沙质或淤泥质海岸地带沼泽湿地非常多。

（四）河流湿地

我国河流众多，根据流域特点，河流分为内流河和外流河。我国的河流多属于外流河，其中长江、黄河、黑龙江、辽河、海河、淮河、钱塘江、珠江、澜沧江等向东注入太平洋；怒江和雅鲁藏布江向南注入印度洋；向西流入哈萨克斯坦境内，再向北经俄罗斯流入北冰洋的是中国北部的额尔齐斯河。我国内陆性河流流域主要有3个地区：甘新地区、藏北与藏南地区、内蒙古地区。由于这些地区距海遥远，干燥少雨，水系不发达，河流极为稀少，甚至出现没有河流的无流区。

在所有地理景观中，河流属于较为活跃的因素，它能促进地表物质的迁移。我国的众多河流最后都注入海洋，推动了海陆之间的循环。这些河流在经山地和丘陵流入海洋的过程中携带大量的泥沙，最后沉积在低洼地带和海洋中。除此之外，每年这些河流都会向海洋和内陆盆地带入大量的盐类。河流湿地有多种不同的面貌。

（五）人工湿地

人工湿地是指受人为活动影响而形成的湿地，主要包括水库、盐田、运河、输水河、稻田、水塘等。

我国的稻田主要分布在亚热带与热带地区，淮河以南地区的稻田约占全国稻田总面积的 90%；近年来北方稻田不断发展，稻田面积有所扩大。

第二节　湿地的结构和功能

一、湿地的结构

淡水湿地生态系统包括湿地动物、湿地植物、细菌和真菌四个生物类群及其非生物环境，组成极为复杂。湿地的水文特征影响着湿地结构，一方面水的物理特性及其移动如降水过程、地面和地下水流、水流方向和动能以及水的化学性质等可能对湿地结构有一定程度的改变，另一方面土壤积水期，即积水的持续时间、频度、水的深度和发生季节等也会对湿地结构产生一定作用。

在半水、半陆的生态环境条件下，湿地动物群落和植物群落具有明显的水陆相兼性和过渡性。湿地动物是生态系统中的消费者，种类主要包括涉禽、游禽、两栖动物、哺乳类动物和鱼类等，其中有的是珍贵的或有经济价值的动物，如黑龙江西部扎龙和三江平原芦苇沼泽中的世界濒危物种丹顶鹤，三江平原沼泽中的白鹤、天鹅等。湿地中还有哺乳动物水獭、麝鼠和两栖动物如花背蟾蜍、黑斑蛙等。湿地植物群落包括乔木、灌木、小灌木、多年生禾本科、莎草科和其他多年生草本植物以及苔藓和地衣。湿地植物是生态系统中能量的固定者和有机物质的最初生产者，是最重要的营养级，居于特别重要的地位。不同地区、不同类型的湿地生态系统中植物成分也有所差别。

二、湿地的功能

湿地具有"天然蓄水库""地球之肾""生物生命的摇篮"等美誉。作为一种生态系统，其主要的功能体现在：调节区域乃至全球碳、氮等元素的生物地球化学循环；调控区域内的水分循环；调节生物生产力，分解进入湿地的各种物质，作为生物的栖息地等。对人类来说，这些功能体现的价值包括：调控洪水、暴雨的影响，提供生物多样性的载体，过滤和分解污染物，调控洪水、暴雨的影响，提供食物和商品，提供旅游地点等。

首先，湿地是重要的物质储存场所，并具有降解污染物的功能。湿地可利用物理、化学和生物的综合效应，通过沉淀、吸附、离子交换、硝化、反硝化、营养元素吸收、生物转化和微生物分解等过程，对进入湿地中的污染物进行降解。利用湿地生态系统处理污水的方法已在实践中得到应用。结果证明，在同等的污水处理效果上，湿地污水处理系统的基建投资和运行费用都相对较低，且具有一定的生态效应。

湿地在涵养水源、调蓄洪水和维持区域水量平衡中也具有重要的功能。大量持水性良好的泥炭土和植物分布在湿地中，能在短时间内蓄积洪水并在相对长的时间内将水分释放，最大限度地避免水灾和旱灾，是蓄水防洪的重要手段。此外，湿地区域的小气候能被大量植物蒸腾及水分蒸发作用所调节。

湿地具有生产功能，能够为人类提供丰富的动植物产品。对湿地进行排水后用于农业、林业生产可以获得很好的收成，或者可以直接从湿地中获取动植物产品（如芦苇等）。另外，湿地还可以为人类提供丰富的泥炭资源。

其次，湿地是生物多样性的载体。湿地的生境类型本身就具有多样性，这种多样性造就了湿地生物群落的多样性和湿地生态系统类型的多样性。丰富多彩的动植物群落需要复杂而完备的特殊生境，湿地生态系统所处的独特的生态位恰好实现了这一目标，因而对野生动植物的物种保存发挥着重要作用。其特殊生境的重要性体现在它是许多濒危野生动物的独特生境，因而，湿地是天然的基因库，它和热带雨林一样，在保存物种多样性方面具有重要意义。

此外，湿地还具有景观价值，能够为人类提供旅游、休憩的场所。

第三节　湿地生态修复的目标与原则

被破坏之前，湿地的状态可能是湿林地、沼泽地或开放水体，湿地修复的决策者很大程度上决定了将湿地修复到何种状态，也取决于湿地生态修复的计划者对干扰前原始湿地的了解程度。在淡水湿地的生态修复过程中，湿地重要环境因子之间错综复杂的关系，人们往往缺乏足够的认识，也无法对湿地中各种生物的栖息地需求和耐性进行完全统计，因而原有湿地的特性往往不能被修复后的湿地完全模拟。另外，先前湿地的功能不能被有效地发挥，主要是因为种种因素作用下，修复区的面积通常会比先前湿地面积小。因此，不得不说湿地修复是一项艰巨的生态工程，要想更好地完成淡水湿地的生态修复就需要全面了解干扰前湿地的环境状况、特征生物以及生态系统功能和发育特征等。

一、湿地生态修复的目标

由于早期湿地受人类活动的干扰（如伐木、森林开垦），以及随之而来的（诸如周期性的焚烧和放牧等）开发活动，很难评价湿地的自然性。因此，在没有自然湿地原始模型的情况下，修复"自然湿地"是不可能的，但这些经人类改造后的湿地可以被修复到一种接近或类似早期自然状态时的状况。对于湿地的自然状态，它固有的环境特征和水供给机制，对确定其修复的目标和状态帮助明显。例如，洪泛平原湿地拥有自然波动的水平衡，在此类湿地进行修复时就不能将其修复为永久湿地。反之，那些需要修复为永久性湿地的地带，不能将洪泛平原作为选址模板。

湿地的修复是把退化的湿地生态系统修复成健康的功能性生态系统，这一过程是通过人类活动实现的。生态修复的目标一般包括四个方面：生态系统结构与功能的修复、生态环境的修复、生物种群的修复以及景观的修复。

（一）修复湿地功能

对人类社会而言，湿地具有很多"服务功能"，特别是有助于小区域甚至全球范围内生态环境的改善和调节。例如，湿地有助于控制水资源供给和调控河流洪水与海洋侵蚀。泥炭积累型湿地对全球碳循环和气候变化具有十分重要的意义，因为它是吸收大气中二氧化碳重要的途径。但这些功能的发挥在很大程度上依赖于湿地保护及其功能的维持，因此需要修复湿地生态系统。

此外，湿地还具有很多经济功能。通常通过修复措施进行排水可提高湿地内畜牧业产值、增加林业和泥炭的开采量。而一些没有排水或只有部分排水设施的湿地只能支持低密度放牧，有时只能为收获性产品（如芦苇）提供可更新的源。这些传统的活动逐渐成为湿地修复的驱动力之一。早期一些破坏性活动（如泥炭开发）为野生生物创造了宝贵的栖息地，陆地泥炭湿地的修复为野生生物水生演替系列提供了活力，有时也成为湿地修复的重要目标之一。

（二）保护野生生物

以野生生物保护为目标的湿地修复可分为：目标种和群落的修复、自然特征的修复和生物多样性的修复。

（三）修复传统景观与土地利用方式

从湿地形成与发展来看，目前某些湿地特征是传统的土地利用方式形成的；其他湿地也已被改造成了低湿度的草地。这些景观可被称为"活的自然博物馆"，是湿地修复目标的焦点之一。

目前，中国进行的淡水湿地生态修复尝试包括增加湖泊的深度和广度以扩大湖容，增加鱼的产量，增强调蓄功能；提高地下水位养护沼泽，改善水禽栖息地；修复泛滥平原的结构和功能以利于蓄纳洪水，提供野生生物栖息地以及户外娱乐区，同时修复水体的水质；迁移湖泊、河流中的富营养沉积物以及有毒物质以净化水质等。目前的淡水湿地修复实践主要集中在沼泽、湖泊、河流及河缘湿地的修复上。

二、湿地生态修复的原则

据不完全统计，湿地，约占地球陆地表面积的 6%。随着社会和经济的发展，全球约 80% 的湿地资源丧失或退化。由于湿地被普遍破坏，当前情况下，人们无法对全部的湿地资源进行生态修复。因此，对湿地资源进行生态修复必须有所选择地进行，并遵循一定的原则。

（一）优先性原则

对淡水湿地的生态修复应该具有选择性，有针对性地从当前最紧迫的任务出发。应该在全面了解湿地信息的基础上，选择生物多样性较好具有保护价值的湿地以及具有代表性、具有强大生态功能、影响到地区发展的湿地进行优先的生态修复。

（二）可行性原则

对淡水湿地进行生态修复必须考虑生态修复方案的可行性，其中包括技术的可操作性和环境的可行性。通常情况下，现在的环境条件及空间范围在很大程度上决定了湿地修复的选择性。现存的环境状况是自然界和人类社会长期发展的结果，其内部组成要素之间存在着相互作用、相互依赖的关系，尽管人们可以在湿地修复过程中人为创造一些条件，但不是强制管理，只能在退化湿地基础上加以引导，只有这样才能使修复具有自然性和持续性。比如，在寒冷和干燥的气候条件下，自然修复速度比较慢，而温暖潮湿的气候条件下，自然修复速度比较快。不同的环境状况，修复花费的时间不同，在恶劣的环境条件下，修复甚至很难进行。另外，一些湿地修复的愿望是好的，设计也很合理，但实际操作较困难，所以现实中修复工作不可行。因此全面评价可行性是湿地成功修复的保障。

（三）美学原则

湿地具有多种功能和价值，不但表现在生态环境功能和湿地产品的用途上，在美学、旅游和科研等方面也有较好的体现。因此在湿地的生态修复中，应该注重对湿地美学价值和景观功能的修复。如许多国家对湿地公园的修复，就充分注重了湿地的旅游和景观价值。

第四节　湿地生态修复的过程和方法

直接修复的方法可应用于湿地的破坏程度相对较小的情况下，但是当湿地环境破坏已经比较严重以至于不能够直接进行修复的时候，必须通过某些方法和技术来重建湿地。通常人们不会完全采用自然演替这种方法进行湿地的再生，主要是因为其过程所需时间过长。不过演替再生可以为淡水湿地的生态修复提供长期稳定的基础，因为它提供了一个比较好的生态修复起点。

进行淡水湿地生态修复很可能要面对一系列不利因素，这些因素来源于湿地外的破坏。湿地的水和营养供给都来源于外部，因此，相对于许多其他栖息环境而言，湿地受外界影响更深。控制整个流域而不仅仅是湿地本身，才能更有效地进行修复。实际上，不同的修复方法适用于不同的湿地，因此很难有统一修复的模式，但是在一定区域内，相同类型的湿地修复应遵循一定的模式。

从各种湿地修复的方法中可归纳出如下的方法：修复湿地与河流的连接为湿地供水；尽可能采用工程与生物措施相结合的方法修复；利用水文过程加快修复进度；利用水周期、深度、年或季节变化和持留时间等改善水质；修复洪水的干扰；调整湿地中有机质含量及营养含量；停止从湿地抽水；控制污染物的流入；修饰湿地的地形或景观；根据不同湿地选择最佳位置重建湿地的生物群落；建立缓冲带以保护自然的和已经修复的湿地；减少人类干扰，提高湿地的自我维持能力；发展湿地修复的工程和生物方法；开展各种湿地结构、功能和动态的研究；建立不同区域和类型湿地的数据库；建立湿地稳定性和持续性的评价体系。

一、湿地生态修复的过程

湿地生态修复的过程常包括净化水质、去掉顶层退化土壤、清除和控制干扰、引种乡土植物和稳定湿地表面等步骤。但由于湿地中的水位经常波动，具有各种干扰，因此在湿地修复时必须考虑这些干扰，并将其作为修复的一部分。与其他生态系统修复过程相比，湿地生态系统的生态修复过程具有明显的独特性；物质循环变化幅度大；兼有成熟和不成熟生态系统的性质；消费者的生活史短但食物链复杂；空间异质性大；高能量环境下湿地被气候、地形和水文等非生物过程控制，而低能量环境下则被生物过程所控制。这些生态系统过程特征在淡水湿地的生态修复过程中都应该予以考虑。

此外，湿地工程还带来区域环境改善、生物多样性保护、区域宜居舒适度提升等多重生态服务功能。

二、湿地生态修复的方法

由于湿地生态修复的目标与策略不同，采用的关键技术也不同。根据目前国内外对各类湿地修复项目研究的进展，可概括出以下几项湿地修复技术：土壤种子库引入技术；生物技术，包括生物操纵、生物控制和生物收获等技术；源、非点源控制技术；土地处理（包括湿地处理）技术；光化学处理技术；废水处理技术，包括物理处理技术、化学处理技术、氧化塘技术；点沉积物抽取技术；先锋物种引入技术；种群动态调控与行为控制技术；物种保护技术等。

这些技术中有的已经建立了一套比较完整的理论体系，有的正在发展过程中。在许多湿地修复的实践中，常常实行几种技术联用，并取得了显著效果。

（一）湿地补水增湿措施

短暂的丰水期对于所有的湿地都曾经存在过，但各个湿地在用水机制方面仍存在很大的自然差异。在多数情况下，诸如湿地及周围环境的排水、地下水过度开采等人类活动对湿地水环境具有很大的影响。一般认为许多湿地在实际情况下往往要比理想状态易缺水干枯，因此对湿地采取补水增湿的措施很有必要。但根据实践发现，这种推测未必成立。原因在于目前湿地水位的历史资料仍然不完备，而且部分干枯湿地是由自然界干旱引起的。有资料还表明适当的湿地排水不但不会破坏湿地环境，反而会增加湿地物种的丰富度。

但一般对曾失水过度的湿地来讲，湿地生态修复的前提条件是修复其高水位。但想完全修复原有湿地环境单单对湿地进行补水是不够的，因为在湿地退化过程中，湿地生态系统的土壤结构和营养水平均已发生变化，如酸化作用和氮的矿化作用是排水的必然后果。而增湿补水伴随着氮、磷的释放，特别是在补水初期，因此，湿地补水必须解决营养物质的积累问题。此外，钾缺乏也是排水后的泥炭地土壤的特征之一，这将是限制或影响湿地成功修复的重要因素。

可见，进行补水对于湿地生态修复来说仅仅是一个前奏，还需要进行很多的后续工作。而且，由于缺乏湿地水位的历史资料，人们往往很难准确估计补充水量的多少。一般而言，补水的多少应通过目标物种或群落的需水方式来确定，水位的极大值、极小值、平均最大值、平均最小值、平均值以及水位变化的频率与周期都可以影响湿地生态系统的结构与功能。

湿地补水首先要明确湿地水量减少的原因。修复湿地的水量也可通过挖掘降低湿地表面以补偿降低的水位、利用替代水源等方式进行。在多数情况下，技术上不会对补水增湿产生限制，而困难主要集中在资源需求、土地竞争或政治因素等方面。在此讨论的湿地补水措施包括减少湿地排水、直接输水和重建湿地系统的供水机制。

1. 减少湿地排水

目前减少湿地排水的方法主要有两种：一种是在湿地内挖掘土壤形成潟湖

（堤岸）以蓄积水源；另一种方法是在湿地生态系统的边缘构建木材或金属围堰以阻止水源流失，这种方法是一种最简单和普遍应用的湿地保水措施，但是当近地表土壤的物理性质被改变后，单凭堵塞沟壑并不能有效地给湿地进行补水，必须辅以其他的方法。

填堵排水沟壑的目的是减少湿地的横向排水，但在某些情况下，沟壑对湿地的垂直向水流也有一定作用。堵塞排水沟时可以通过构造围堰减少排水沟中的水流，在整个沟壑中铺设低渗透性材料可减少垂直向的排水。

在由高水位形成的湿地中，构建围堰是很有效的。除了减少排水，围堰的水位还比湿地原始状态更高。但高水位也潜藏着隐患：营养物质在沟壑水中的含量高时，会渗透到相连的湿地中，对湿地中的植物直接造成负面影响。对于由地下水上升而形成的湿地，构建围堰需进行认真的评价。因为横向水流是此类湿地形成的主要原因，围堰可能造成淤塞，非自然性的低潜能氧化还原作用可能会增加植物毒素的作用。

湿地供水减少而产生的干旱缺水这一问题可通过围堰进行缓解。但对于其他原因引起的缺水，构建围堰并不一定适宜，因为它改变了自然的水供给机制，有时需要工作人员在这种次优的补水方式和不采取补水方式之间进行抉择。

减少横向水流主要通过在大范围内蓄水。堤岸是一类长的围堰，通常在湿地表面内部或者围绕着湿地边界修建，以形成一个浅的潟湖。对于一些因泥炭采掘、排水和下陷所形成的泥炭沼泽地，可以用堤岸封住其边缘。泥炭废弃地边缘的水位下降程度主要取决于泥炭的水传导性质和水位梯度。有时上述两个变量之一或全部值都很小，会形成一个很窄的水位下降带，这种情况下通常不需补水。在水位比期望值低很多的情况下，堤岸是一种有效的补水工具，它不但允许小量洪水流入，而且还能减少水向外泄漏。

修建堤岸的材料很多，包括以黏土为核的泥炭、低渗透性的泥炭黏土以及最近发明的低渗透膜。其设计一般取决于材料本身的用途和不同泥炭层的水力性质。但沼泽破裂的可能性和堤岸长期稳定性也需要重视，目前尚不清楚上述顾虑是否合理，但堤岸的持久性必须加以考虑。对于那些边缘高度差较大（> 1.5m）的地方，相比于单一的堤岸，采用阶梯式的堤岸更合理。阶梯式的堤岸可通过在周围土地上建立一个阶梯式的潟湖或在地块边缘挖掘出一系列台阶实现。前者不需要堤岸与要修复的废弃地毗连，因为它的功能是保持周围环境的高水位。这种修建堤岸方式类似于建造一个浅的潟湖。

2. 直接输水

对于由于缺少水供给而干涸的湿地，在初期采用直接输水来进行湿地修复效果明显。人们可以铺设专门给水管道，也可利用现有的河渠作为输水管道进行湿地直接输水。供给湿地的水源除了从其他流域调集外，还可以利用雨水进行水源补给。雨水补水难免会存在一定的局限性，特别是在干燥的气候条件下；但不得不承认雨水输水确实具有可行性，如可划定泥炭地的部分区域作为季节性的供水蓄水池，充当湿地其他部分的储备水源。在地形条件允许的情况下，雨水输水可以通过引力作用进行（包括通过梯田式的阶梯形补水、排水管网或泵）。潟湖的水位通过泵排水来维持，效果一般不好，因为有资料表明它可能导致水中可溶物质增加。但若雨水是唯一可利用的补水源，相对季节性的低水位而言这种方式仍然是可行的。

3. 重建湿地系统的供水机制

湿地生态系统的供水机制改变而引起湿地的水量减少时，重建供水机制也是一种修复的方法。但是，由于大流域的水文过程影响着湿地，修复原始的供水机制需要对湿地和流域都加以控制，这种方法缺少普遍可行性。单一问题引起的供水减少（如取水点造成的水量减少）更适合应用修复供水机制的方法，这种方法虽然简单但很昂贵，并且想保证湿地生态系统的完全修复仅通过修复原来的水供给机制不够全面。表 7-2 描绘了湿地类型及其修复方式。

表 7-2　湿地类型及其修复方式

湿地类型	修复的表现指标	修复策略
低位沼泽	水文（水藻、水温、水周期） 营养物（N、P） 动物（珍稀及濒危动物） 植被（盖度、优势种） 生物量	减少营养物输入 修复高地下水位 草皮迁移 割草及清除灌丛 修复对富含 Ca、Fe 地下水的排泄
湖泊	富营养化 溶解氧 水质 沉积物毒性 鱼体化学品含量 外来物种	增加湖泊的深度和广度 减少点源、非点源污染 迁移营养沉积物 消除过多草类 生物调控

续表

湿地类型	修复的表现指标	修复策略
河流、河缘湿地	河水水质 浑浊度 鱼类毒性 沉积物	疏浚河道 切断污染源 增加非点源污染净化带 防止侵蚀沉积
红树林湿地	溶解氧 潮汐波 生物量 碎屑 营养物循环	禁止矿物开采 严禁滥伐 控制不合理建设 减少废物堆积

（二）改善湿地酸化环境

湿地酸化是指湿地土壤表面及其附近环境 pH 降低的现象。湿地酸化程度取决于湿地系统的给排水状况、进入湿地的污染物种类与性质（金属阳离子和强酸性阴离子吸附平衡）以及湿地植物组成等。在某些地区，酸化是湿地在自然条件下自发的过程，与泥炭的积累程度密不可分，但不受水中矿物成分的影响。酸化现象较易出现在天然水塘中漂浮的植被周围和被洪水冲击的泥炭层表面。湿地土壤失水会导致 pH 下降，此外，有些情况下硫化物的氧化也会引起酸性（硫酸）土壤含量的增加。

（三）控制湿地演替和木本植物入侵

一些湿地生境处于顶级状态（如由雨水产生的鱼塘）、次顶级状态（如一些沼泽地）或者演替进程缓慢（如一些盐碱地），它们具有长期的稳定性。多数湿地植被处于顶级状态，演替变化相当快，会产生大量较矮的草地，同时草本植物易被木本植物入侵，从而促成了湿地的消亡。因此，控制或阻止湿地演替和木本植物入侵成为许多欧洲地区湿地修复性管理的主要活动，相比之下，在其他地方却没有得到普遍重视。部分原因在于历史上人们普遍任湿地在生境自然发展，而缺乏对湿地的有效管理或管理方式不正确。

（四）修复湿地植被

湿地植被修复主要通过两种方式进行：一种方法是从湿地系统外引种进行

人工植被修复，另一种是利用湿地自身种源进行天然植被修复。表7-3显示了湿地生态系统修复与设计类型及应用范围。

表7-3 湿地生态系统修复与设计类型及应用范围

类型	分类	应用范围	技术措施
用于废水处理的湿地生态设计	表层流湿地设计 渗漏湿地设计	城市、工业污水	物理、化学及生物处理技术；土壤生物自净技术
调整湿地的生态系统设计	就地湿地调整 异地湿地调整	湿地丧失区 湿地开发区	湿地修复与重建；就地保护；生态系统构建与生态工程集成技术
作为洪水及非点源污染控制的湿地生态设计	洪水控制湿地设计 非点源污染控制湿地设计	流域农业区及农场区流域农业区	生态工程设计技术；水土保持林、草技术；非点源控制技术；水土流失控制与保护技术

第五节 湿地生态修复的检验与评价

淡水湿地的生态修复可让脊椎动物群落、无脊椎动物群落、浮游生物群落、植被及水质成为主要对象，通过观测其变化动态，进行湿地生态修复效果检验与评估，从而为后期湿地的生态管理提供依据。检验与评估过程通常选择生态系统中能典型反映生态系统功能的状况，对几个目标物种与生物类群开展调查，通过实验测试其在生境地存活和生长的状况，进行生物检验，监控生态系统的修复进程。

一、湿地生态修复的生物检验

生物检验Ⅰ。检验生物多样性的发育与修复状况，自游生物、无脊椎动物、鸟类等生物类群的群落组成与结构，特有种群的种群动态，对现有植被类型的利用，鸟类的迁徙与生境的关系，一些特有种群的种群动态。

生物检验Ⅱ。检验影响植被繁殖的因素。主要是芦苇的再生长规律，包括繁殖的生物条件（竞争、取食等）、非生物条件（盐碱度、硫化物、铵等）以及繁殖体的来源（种子库和植被的生长等）。

生物检验Ⅲ。检验植被的修复状况，包括植被的组成与结构、本地植物的修复、植被的景观修复、植被修复与动物多样性修复的关系。

二、湿地生态修复评价

（一）生态修复的生态效果评价

即对淡水湿地生态修复的完整性进行评价。它从生态系统的组成结构到功能过程，考察湿地生态系统的修复结果是否违背生态规律，脱离生态学理论，同环境背景符合程度以及湿地的完整统一性。淡水湿地的生态修复应该是生态系统整体的修复，包括水体、土壤、植物、动物和微生物等生态要素，湿地生态系统中不同尺度规模、不同层次、不同类型的多种生态系统。

（二）生态修复的经济效果评价

经济效果评价一方面是修复后的经济效益，即遵循最小风险与效益最大原则，另一方面指修复项目的资金支持强度。湿地修复项目不是一蹴而就的，通常是一个长期并艰巨的工程，修复过程中短期内效益并不显著，往往还需要花费大量资金进行资料的收集和各种监测。而且有时难以对修复的后果以及生态最终演替方向进行准确的估计和把握，因此具有一定的风险性。只有对所修复的湿地对象进行综合分析、论证，才能将修复工程的风险降低到最小。同时，必须保证长期的资金稳定性和项目监测的连续性。

（三）生态修复的社会效果评价

主要评价公众对淡水湿地生态修复的认识状况及程度。在中国，公众对生态修复还未形成强烈的社会意识与共识。因此，增强公众的参与意识，加大湿地保护宣传力度是湿地修复的必要条件，是社会合理性的具体体现。

参考文献

[1] 赵丙辰.城市污水处理技术研究[M].长春：吉林科学技术出版社，2022.

[2] 周斌，王建功.港口含油污水处理技术理论与应用[M].北京：北京工业大学出版社，2021.

[3] 蒋山泉，孙向卫，李强.实用农村污水处理技术与工艺[M].北京：冶金工业出版社，2023.

[4] 廖传华，李聃，程文洁.污水处理技术及资源化利用[M].北京：化学工业出版社，2022.

[5] 孙飞云.城镇污水处理膜生物反应器MBR工艺与膜污染控制技术[M].哈尔滨：哈尔滨工业大学出版社，2022.

[6] 李欢.城市生活污水处理及回用技术[M].成都：西南财经大学出版社，2022.

[7] 任静著，罗锦洪，韩海忠.膜分离技术在水处理中的应用研究[M].北京：北京工业大学出版社，2022.

[8] 吕守胜.城市排水与污水处理管理工作研究[M].长春：吉林科学技术出版社，2022.

[9] 王允坤，盛国平，俞汉青.新型膜法污水资源化处理理论与应用[M].合肥：中国科学技术大学出版社，2022.

[10] 李微，祝雷.SBR污水反硝化除磷技术[M].徐州：中国矿业大学出版社，2022.

[11] 万欣，张怡，苏鹏程，等.农村水环境政策与污染的时空迁移特征及关系[J].农业环境科学学报，2024，43（4）：886-895.

[12] 成超.乡村振兴战略下农村水环境污染治理路径探究[J].灌溉排水学报，2023，42（08）：146.

[13] 马丁，李硕.中国地表水水质变化趋势及治理政策应对[J].中国人口·资源与环境，2023，33（05）：27-39.

[14] 于会娟，张英杰，权泓，等.氮化碳改性光催化材料在水污染治理中的应用[J].工业水处理，2023，43（08）：38-47.

[15] 杨寅群，李子琪，康瑾，等.基于地理探测器的流域水污染影响因子分析[J].环境科学与技术，2023，46（S1）：176-183.

[16] 姜国俊，肖云清.水污染治理中企业社会责任的动力因素与培育机制[J].湘潭大学学报（哲学社会科学版），2023，47（02）：45-56.

[17] 杨悦，刘翼，卢全莹，等.河流水污染跨区域合作治理机制研究——基于三方演化博弈方法[J].系统工程理论与实践，2023，43（06）：1815-1836.

[18] 侯立安，徐祖信，尹海龙，等.我国水污染防治法综合评估研究[J].中国工程科学，2022，24（05）：126-136.

[19] 曹宏斌，李爱民，赵赫，等.我国工业水污染防治措施实施情况评估[J].中国工程科学，2022，24（05）：137-144.

[20] 任静，李娟，席北斗，等.我国地下水污染防治现状与对策研究[J].中国工程科学，2022，24（05）：161-168.

[21] 孙伟楠.湿地水环境水力原位生物修复方法及效能研究[D].大庆：东北石油大学，2020.

[22] 娄宇.农村水污染治理存在的问题及对策研究[D].舟山：浙江海洋大学，2020.

[23] 赵玉川.黄河流域水资源保护法律问题研究[D].太原：山西财经大学，2023.

[24] 张津津.X污水处理企业成本控制研究[D].乌鲁木齐：新疆农业大学，2022.

[25] 陈兆鑫.城市污水处理过程混合建模与控制[D].沈阳：沈阳工业大学，2022.

[26] 孙凌波. 吉林省农村地区污水处理技术应用研究[D]. 长春：长春工业大学，2022.

[27] 牛梦萍. 污水处理厂活性污泥工艺运行优化的基础研究[D]. 北京：北京化工大学，2022.

[28] 宁轲. 基于PLC的污水处理控制系统设计[D]. 北京：中国矿业大学，2021.

[29] 李丽娟. 基于层次分析法的城镇污水处理项目后评价体系研究[D]. 昆明：昆明理工大学，2021.

[30] 孙玮鸿. 污水处理厂微塑料赋存情况及其表面生物膜特征研究[D]. 济南：山东师范大学，2021.